코딩책과
함께 보는

코딩
개념
사전

코딩책과
함께 보는

코딩
개념
사전

김현정 지음

궁리
KungRee

추천의 글

✿

"스마트폰, 온라인 게임, 인공지능 알파고 그리고 자율주행 자동차 모두 소프트웨어로 동작합니다. 이러한 복잡한 소프트웨어도 한 줄 한 줄의 코딩으로 이루어집니다. 이 책은 코딩의 기본 개념을 알기 쉽게 설명하고 있어서 남녀노소 누구나 프로그램을 처음 배우는 분들에게 좋은 안내서가 될 것입니다."
– 최호진, 카이스트 전산학부 교수

"코딩을 잘하기 위해서는 코딩의 기본 개념을 정확하게 이해하는 것이 중요하다. 그러나 초보자들에게 꼭 필요한 코딩의 개념을 쉽게 설명한 책은 찾아보기 어려웠다. 이 책은 다르다! 코딩에 필요한 핵심 개념을 쉽고 재미있게 알려주는 것은 물론, 고급 프로그래밍이 가능한 파이썬 코딩법으로 기본 코딩능력을 더한층 향상시켜준다."
– 박민규, 대전지족초등학교 소프트웨어교육 선도교원

"이 책으로 코딩에 입문한 아이들과 그렇지 않은 아이들의 차이는 어마무시할 것이라고 생각한다. 무엇보다 이 책은 아이들이 무작정 코딩을 외우게 하기보다는 기본 개념을 먼저 제대로 잡을 수 있도록 도와주기 때문이다. 아이들의 눈높이에 맞춘 저자의 유려한 문체는 한 편의 이야기책을 읽는 듯한 감동과 편안함을 선사한다." – 이수현, 씨큐브코딩 서초코어센터 강사

"영어 공부를 위해 단어 사전이 필요하듯 코딩 공부에도 사전이 필요하다. 대학에서 프로그래밍을 가르치면서 많은 학생들이 어려운 코딩 용어와 생소한 개념 때문에 코포자(코딩 포기 학생)로 전락하는 모습을 봐왔다. 하지만 이제 걱정하지 않아도 될 것 같다. 초등학생부터 성인까지 코딩을 처음 접하는 사람들에게 꼭 필요한 단어 사전과 같은 이 책이 있으니까. 개념을 이해하고 외래어와 한자어가 가득한 코딩 용어를 막힘 없이 술술 풀어가고 싶다면, 나아가 내 생각을 제대로 코딩하고 싶은 독자들에게 강력 추천한다!"
– 설순욱, 한국기술교육대학교 전기전자통신공학부 교수

"무엇이든 처음 배울 때부터 잘 배워야 한다. 잘못 잡힌 운동 습관을 고치기 어렵듯이, 잘못 배운 코딩도 마찬가지다. 첫 단추부터 잘못 끼어진 코딩 교육은 배움의 성과를 줄어들게 하고, 시간과 비용만 낭비하게 만든다. 현장에서 활용할 수 있는 코딩 공부를 위해서는 코딩 개념부터 바로잡아 줄 수 있는 책이 필요하다. 이 책은 코딩에 대한 전반적인 개념을 비유와 예제를 통해 쉽게 설명하고 있다. 코딩이 무엇인지 그리고 어떻게 공부해야 하는지 고민이라면 주저하지 말고 이 책을 보길 권한다!" – 이재효, 파이썬 개발자

들어가며

✿

뜨거운 여름 햇살처럼 소프트웨어 코딩에 대한 관심이 뜨겁기만 합니다. 학교의 정규 교육을 차분히 기다려왔던 학부모조차도 아이들에게 일찌감치 코딩 과외를 시작했어야 했던 것은 아닌지 하는 불안감을 내비칩니다. 소프트웨어(SW) 교육이 의무화된다는 소식에 코딩 책을 펼쳐보지만, 지금까지 코딩을 접하지 못했던 우리에게 코딩은 참 어렵고 이상한 학문처럼 보입니다. 많은 전문가들이 코딩은 논리를 배울 수 있는 중요한 학문이라는데, 어떻게 논리를 배울 수 있다는 것인지 그저 궁금하고 답답하기만 합니다.

코딩 붐도 없었던 제 어린 시절에 아무것도 모르고 코딩을 배운 적이 있습니다. 코딩 수업은 제게 신세계와 같았고, 도무지 이해하기 어려운 상식 밖의 존재였습니다. 그때를 되돌아보면 소프트웨어 원리도 모르고 무작정 키보드로 명령어를 입력하는 단순한 방법만 암기했다는 생각이 듭니다. 대학교 2학년 때 가까스로 코딩 공부의 어려움을 극복하고 나서야 코딩 공부에 진짜 무엇이 필요한지 깨닫게 되었습니다. 코딩은 소프트웨어에게 명령을 내리는 방법, 즉 컴퓨터와 대화하는 소통 언어이기 때문에 결국 소프트웨어를 잘 이해해야 논리적 사고와 문제 해결 능력을 키울 수 있게 된다는 것, 또한 무엇보다 중요한 것은 단순 문법을 암기하기보다 코딩의 개념 하나하나를 착실하게 이해하고 시행착오를 거치며 문제 해결 능력을 키워야 한다는 것을 말입니다. 이는 제가 이 책을 집필하게 된 까닭입니다.

코딩을 공부하다 보면 객체, 인수, 오버라이딩 등의 한자어와 외래어를 많이 접하게 됩니다. 이것이 코딩을 처음 접하는 사람들에게 '코딩은 어렵다'라는 선입관을 갖게 만드는 것 같습니다. 컴퓨터를 전공한 대학생들조차도 코딩을 포기하는 경우가 꽤나 많습니다. 그러니 초등학생들이나 중학생들은 더욱 어려움을 느낄 수 있을 것 같다는 생각이 듭니다. 사실, 개념을 제대로 이해한 다음 코딩 문법에 익숙해지면 코딩처럼 재미있는 과목도 없습니다. 어떤 분야이든 어휘력이 뒷받침되지 않으면 지식 확장이 어렵듯이 코딩을 잘하기 위해서는 코드 한 줄 한 줄의 의미부터 제대로 배워야 합니다.

다양한 코딩책이 출판되고 있지만 코딩의 전체적인 개념과 코드 한 줄 한 줄의 의미를 제대로 이해할 수 있도록 도움을 주는 책은 아직 부족해 보입니다. 시중에 나와 있는 대부분의 책들은 어떻게 명령어를 입력하고 어떤 순서로 실행하는지에 대한 단순한 '문법'만 다루고 있을 뿐이지요. 코딩을 배운다는 것은 내가 상상하는 것을 구현하는 과정입니다. 코딩 자체는 재미있고 창의적인 과정이지만, 제대로 된 이해 과정 없이 명령어를 입력하는 법만 배운다면, 코딩의 가치는 그만 빛을 잃고 말 것입니다. 우리가 수학을 공부하면서 덧셈과 뺄셈만 공부한다면 수학의 진가를 제대로 이해하지 못하는 것처럼 말입니다.

저는 모든 일에 'why'를 생각하는 편입니다. 코딩 개념을 공부하는 데 있어서도 이 '왜'라는 물음이 중요합니다. 왜 변수가 필요할까요? 세상은 항상 변화하기 때문에 변화하는 세상을 담기 위해 변수가 필요하지요. 왜 모듈화가 필요할까요? 자동차 부품을 생각해보세요. 부품을 모듈화하면 고장 난 부품을 쉽게 교체할 수 있습니다. 그래서 소프트웨어도 모듈화하는 것이지요. 이 책을 집필하면서 '왜'라는 답변을 위해 참 고민을 많이 했던 것 같습니다. 코딩을 배우는 분들에게 실질적으로 공감할 수 있는 대답을 주고 싶었기 때문입니다. 새로운 개념마다 '왜' 그것이 필요한지를 설명했고, 일상 속 재미있는 사례를 예로 들어 쉽고 재미있게 코딩의 개념을 쉽게 풀어내고자 했습니다.

요즘 아이들은 스크래치와 같은 블록 코딩을 배우며 코딩의 즐거움에 빠져 있습니다. 스크래치로 코딩이 무엇인지는 배울 수 있지만, 카카오톡과 같은 프로그램은 만들 수 없답니다. 프로그램을 만들려면 텍스트 코딩을 배워야만 하지만, 블록 코딩에서 텍스트 코딩으로 넘어가면서 학생들은 코딩에 대한 어려움을 느끼기 시작합니다. 이런 어려움을 극복하기 위해 이 책에서는 텍스트 코딩에서 다루고 있는 중요한 개념들에 주안점을 두어 이야기하고 있습니다. 파이썬 코드를 이용하여 코딩 개념을 설명하고 있는 까닭은, 파이썬이 국내뿐 아니라 전 세계적으로 많이 사용되고 있고 누구나 쉽게 배울 수 있도록 개발되어서 코딩의 첫걸음을 떼는 데 훌륭한 언어이기 때문입니다. 한번 배워놓으면 다른 프로그래밍 언어도 쉽게 익힐 수 있어 꽤 유용하답니다.

들어가며

다양한 코딩책으로 코드 작성 방법을 공부할 때 이 책을 함께 펼쳐 놓고 읽어보면 좋을 것입니다. 또한 코딩의 개념을 착실히 다질 수 있도록 이 책을 처음부터 끝까지 여러 번 읽어본다면 더욱 좋겠습니다. 특히 선생님과 학부모님들도 아이들과 함께 이 책을 읽어보길 권합니다.

더하여, SW 교육의 목적이 단순히 코딩에만 있지 않다는 점을 강조하고 싶습니다. 소프트웨어 교육은 단순히 코딩 기술만을 가르치는 것이 아니라 소프트웨어가 어떤 체계로 동작하는지 이해할 수 있는 '컴퓨팅 사고력'을 키우는 데 목적이 있습니다. 모쪼록 소프트웨어의 큰 맥락을 이해하는 것도 매우 중요하다는 점을 기억하며 그 첫걸음 인 코딩 공부를 이어나간다면 좋은 성과를 거둘 수 있을 것입니다. 무엇보다 작은 새싹이 큰 나무로 무럭무럭 자라날 수 있도록 도움을 주는 한 줌의 거름처럼 기계적으로 코드 작성 규칙을 설명하기보다 코드 한 줄 한 줄의 의미를 제대로 이해할 수 있도록 도와주는 이 책을 통해 코딩의 진정한 의미와 즐거움을 만끽해나가길 바랍니다.

마지막으로, 책 집필에 따뜻한 지지와 응원을 아낌없이 주셨던 부모님과 가족에게 고마운 마음을 전합니다.

2018년 3월
김현정

차례

✿

1장

너에게
명령을 내리노라!
코딩

우리는 프로그램을 이용해 컴퓨터에게 명령을 내립니다. '인쇄' 기능을 실행하는 것은 컴퓨터에게 문서를 인쇄해달라고 명령을 내리는 것이죠. '인쇄' 기능에는 이미 작성된 코드가 연결되어 있어서 인쇄 메뉴를 클릭하면 이 코드가 실행되는 것입니다. 프로그램을 만드는 과정을 '프로그래밍' 혹은 '코딩'이라고 부릅니다. 코딩은 컴퓨터에게 일을 시키기 위해 명령어를 작성하는 과정을 의미합니다.

컴퓨터 전원 버튼을 눌러 부팅을 완료하면 운영체제는 사용자의 명령을 받을 준비가 됩니다. 경쾌한 음악과 함께 운영체제 바탕화면이 나타나면 "저는 윈도우라고 해요. 언제든 명령을 내려주세요"라고 말하는 듯합니다. 바탕화면의 아이콘을 더블클릭해 프로그램을 실행하고, 프로그램의 메뉴를 클릭해 컴퓨터에게 명령을 내릴 수 있는 것은 누군가가 프로그램을 만들어놓았기 때문이죠.

편리하고 친근한 운영체제를 당연하게 생각하는 우리 세대는 검정색 화면의 명령어 기반 사용자 인터페이스(Command-line User

◆ CUI를 Character User In-
terface의 약자로 부르기도 합
니다.

Interface)◆가 신기하고 이상합니다. 운영체제
가 개발된 초기에는 검정색 화면에 명령어를
일일이 입력해야 했습니다.

지금도 명령어 기반 사용자 인터페이스의 잔재를 찾아볼 수 있습
니다. 윈도우 운영체제에서 명령 프롬프트◆◆를 실행하면 그림과 같은
비호감의 프로그램이 나타납니다.

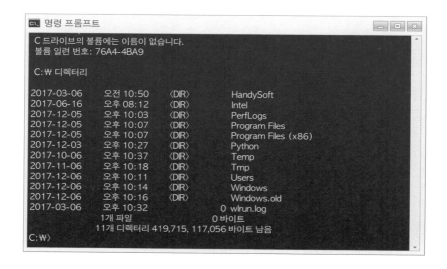

컴퓨터는 입력을 받을 준비가 되었다는 신호로 프롬프트(prompt)
를 보여줍니다. 'C:₩>'와 같은 글자가 나타난다면 "주인 님! 명령을
내려주십시오"라는 신호입니다.

"컴퓨터야! 내 컴퓨터에 어떤 디렉토리가 있는지 알려줘"라고 명
령을 내리고 싶다고요? 컴퓨터가 내 말을 이해해주면 좋으련만 야속
한 컴퓨터는 모르는 척합니다. 아휴, 어쩔 수 없네요. 컴퓨터가 이해할
수 있는 명령어를 입력해야겠어요. 이럴 때는 dir 명령어를 입력하면

됩니다.

C:₩>dir

이제야 컴퓨터는 내가 하는 말을 이해하고 C 드라이브에 있는 디렉토리를 보여줍니다. 컴퓨터가 명령어를 실행하니, HandySoft, Intel 등의 디렉토리가 보입니다. 또한 디렉토리라는 의미로 〈DIR〉을 표시해줍니다.

◆◆ 작업표시줄의 돋보기 버튼을 누르고 '명령 프롬프트'라고 입력하면 명령 프롬프트 프로그램을 찾을 수 있어요.

명령 프롬프트 프로그램이 아무리 친절하게 명령어 실행 결과를 보여준다 해도, 역시 명령어 기반 인터페이스는 비호감입니다. "컴퓨터야! 디렉토리 보여줘"라는 간단한 말이라도 알아들으면 좋으련만, 컴퓨터는 'dir'이라는 명령어만 알아들으니 우리가 컴퓨터에게 맞추는 수밖에 없네요.

코딩을 한다는 것은 이런 명령어들을 순서대로 작성하는 과정을 말합니다. 명령어는 단어 하나를 의미하고요. 명령문은 문장을 말합니다.

물론 명령어 기반 인터페이스(CUI)를 통해서만 명령을 내릴 수 있는 것은 아닙니다. 운영체제에서 아이콘을 더블클릭하는 것도 컴퓨터에게 명령을 내리는 것이죠. 모양의 아이콘을 더블클릭한다면 "인터넷익스플로러를 실행해"라고 컴퓨터에게 명령을 내리는 것입니다. 파워포인트 프로그램에서 '그림' 아이콘을 클릭하는 것 또한 컴퓨터에게 명령을 내리는 것이고요.

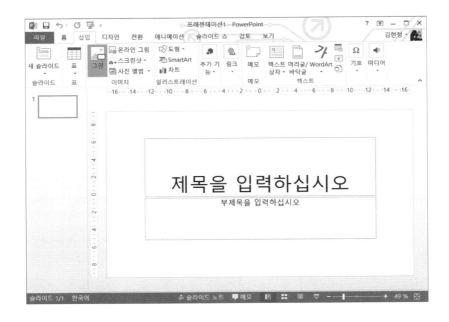

　이처럼 우리는 대부분 이미 만들어진 프로그램을 이용해 컴퓨터에게 명령을 내립니다. 그렇다면 우리가 원하는 프로그램을 직접 만들고 싶다면 어떻게 해야 할까요? 컴퓨터가 사용하는 언어를 이용해 코딩을 하면 되겠지요. 지금까지 누군가가 만들어놓은 프로그램을 '잘 사용하는' 방법을 배웠다면, 앞으로는 프로그램을 '만드는' 방법을 배울 필요가 있습니다. 그래서 코딩을 배우는 것이랍니다.

코딩 즐거움의 시작
스크래치와 엔트리

요즘 아이들은 스크래치(Scratch)와 엔트리(Entry)를 배우며 코딩의 즐거움에 푹 빠진 것 같습니다. 스크래치와 엔트리는 코딩을 즐겁게 배우도록 돕는 교육용 프로그램인데요. if, while, print 같은 명령어를 입력하지 않고 레고 블록처럼 명령어를 끼워 맞추는 식이라 코딩을

스크래치 화면

1장. 너에게 명령을 내리노라! 코딩

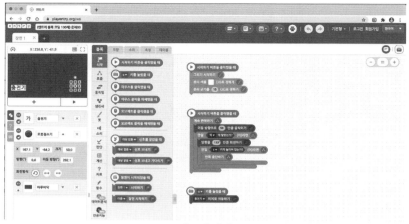

엔트리 화면

쉽게 접할 수 있습니다.

또한 코딩 결과를 화면으로 바로 볼 수 있으니 정말 재미있지요. 이런 블록코딩으로 세상 모든 프로그램을 만들 수 있으면 좋으련만, 스크래치와 엔트리는 그저 코딩을 재미있게 배우게 해주는 교육용 프로그램입니다. 아쉽게도 이것들로는 우리가 원하는 프로그램을 만들 수 없어요. 그래서 블록코딩 다음으로 배워야 하는 것이 파이썬(Python), 자바(Java) 같은 컴퓨터 프로그래밍 언어입니다.

스크래치와 파이썬의 징검다리
엔트리 파이썬

스크래치에서는 코드를 블록으로 제공하고 있어요. if, while, print 등의 텍스트 코드를 블록으로 제공하니 코드를 작성하는 어려움도 줄고 블록을 가져다 붙이기만 해도 발레리나가 춤추는 흥미진진한 프로그램을 만들 수 있어요. 이렇게 블록을 붙여가며 코딩을 연습하는 것을 '블록 코딩'이라고 합니다.

재미난 스크래치로 계속 코딩을 배우면 좋으련만 언젠가는 if, while, print 같이 글자를 입력하는 '텍스트 코딩'을 배워야 한답니다. 이런 코딩 언어로는 C, 자바(Java), 파이썬(Python) 등이 있어요.

우리가 코딩을 배울 때 첫 번째 겪는 난관은 난생처음 경험하는 코딩 문법의 세계입니다. 코딩 언어가 어찌나 까다로운지 글자 하나만 틀려도 컴퓨터는 '무슨 말인지 모르겠는데요'라는 반응을 보입니다. 코딩을 처음 접하는 입장에서는 당황스럽기 그지없지요. 영어 문법처럼 코딩 문법도 부담스러운 녀석인 건 사실이지요. 문법에 대한 어려움만 극복하면 코딩은 정말 재미있는 과목인데 말이죠.

블록 코딩을 통해 많이 연습한다 해도, 텍스트 코딩을 시작하면 적응의 시간이 필요합니다. 그래서 '엔트리'라는 코딩 언어가 준비되어 있답니다. 엔트리는 블록 코딩과 텍스트 코딩의 징검다리 역할을 해주는 고마운 녀석인데요. 아래와 같이 블록 코딩을 텍스트 코딩으로 변경해줍니다. 본격적으로 텍스트 코딩에 들어가기 전에 워밍업할 수 있는 훌륭한 교육용 도구이죠. 이렇듯 엔트리는 블록 코드를 파이썬 코드로 변환해주어, 텍스트 코딩에 익숙해지는 데 도움을 주는 징검다리용 코딩 언어랍니다.

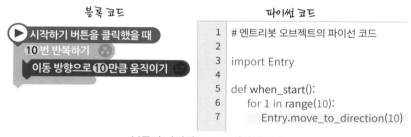

블록이 파이썬 코드로 변환된 모습

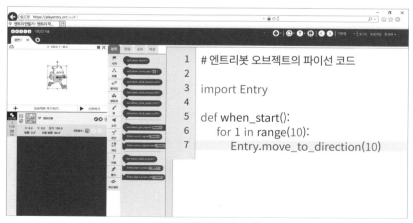

엔트리 파이썬 프로그램

엔트리 파이썬을 통해 어느 정도 텍스트 코딩에 익숙해졌다면, 파이썬과 같은 코딩 언어를 본격적으로 공부할 때가 되었다는 신호입니다.

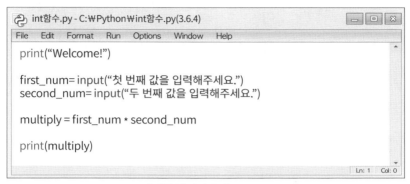

파이썬 에디터의 텍스트 코드

텍스트 코딩의 첫걸음
파이썬

텍스트 코딩 언어인 파이썬을 소개합니다. 파이썬은 네덜란드 개발자 귀도 반 로섬(Guido van Rossum, 1956~)이 만들었습니다. 구글, 드롭박스에서도 일한 유능한 개발자인데요. 반 로섬은 '모든 사람을 위한 컴퓨터 프로그래밍'이라는 철학을 가지고 누구나 활용할 수 있고 이해하기 쉬운 프로그래밍 언어를 만들었습니다. 그렇게 1991년에 태어난 파이썬은 반 로섬의 바람대로 누구나 쉽게 무료로 사용할 수 있는 대중적 프로그래밍 언어가 되었답니다.

그런데 왜 이름을 '파이썬'이라고 지었을까요? 그 이유는 바로 반 로섬이 이 프로그래밍 언어를 만들었던 시기에 〈몬티 파이썬 플라잉 서커스(Monty Python's Flying Circus)〉라는 코미디쇼를 좋아했기 때문이라고 합니다.

파이썬은 컴퓨터 프로그래밍 언어입니다. 코딩에 대한 열기 때문에 지금은 '코딩 언어'라는 말이 더 친숙하지만, 개발회사에서는 코딩 언어라는 말을 잘 사용하지 않습니다. 오히려 '개발언어' 혹은 '프로그래밍 랭귀지' 같은 말을 더 많이 사용한답니다.

이 책에서는 파이썬을 중심으로 코딩의 개념을 설명할 거예요. 다른 언어도 많은데 왜 파이썬인지 궁금하다고요? 개발자들이 특히 좋아하는 언어이기 때문이에요. 전통과 역사를 자랑하는 자바(Java), C 언어가 있는데도 불구하고 파이썬의 인기가 전 세계적으로 높아지고 있습니다. 파이썬이 뜨거운 관심과 인기를 얻고 있는 데는 다음과 같은 특별한 이유가 있답니다.

첫째, 파이썬의 코딩 문법은 영어와 비슷합니다. 그래서 초보자가 배우기에 훌륭한 언어랍니다. 그리고 버그◆가 있는 위치를 친절하게 알려주지요.

둘째, 파이썬은 공유와 나눔의 철학이 담긴 오픈소스입니다. 파이썬 개발 환경을 무료로 제공하니 회사뿐만 아니라 학교에서도 많이 이용하고 있어요.

셋째, 다른 언어에 비해 문법이 어렵지 않습니다. 그래서 코딩에 쉽게 익숙해질 수 있고 프로그램도 금세 만들 수 있어요. 그런 면에서 파이썬은 배움의 즐거움을 선물하는 언어이죠.

◆ 프로그램이 갑자기 다운되거나 기능이 동작하지 않는 문제는 프로그램을 만드는 과정에서 잘못된 명령어가 들어가서 그렇답니다. 잘못된 명령어를 '버그(bug)'라고 부릅니다.

◆◆ '표준 라이브러리'는 12장에서, '모듈'은 13장에서 설명합니다.

넷째, 파이썬은 실제로 다양한 분야에서 사용되는 언어입니다. 빅데이터 솔루션, 웹 애플리케이션, 게임 등에서 사용되므로 배울 만한 가치가 충분히 있어요.

다섯째, 파이썬은 방대한 표준 라이브러리◆◆를 제공합니다. 도서관(라이브러리)에 많은 종류의 책이 있으면 공부에 유용하듯, 파이썬은 라이브러리를 통해 개발자가 활용할 수 있는 다양한 모듈을 제공한답니다.

여섯째, 파이썬 학습을 위한 웹 사이트와 입문자용 책이 많이 나와 있습니다. 이제 파이썬을 공부하겠다는 결심만 하면 되겠지요?

코딩 언어 한 가지를 배우면 다른 언어도 쉽게 배울 수 있답니다. 코딩에서 사용하는 개념은 대부분 비슷하거든요. 그렇다고 코딩이 쉬운 과목은 아니지만, 한 번 제대로 배우면 그다음부터는 수월하답니다.

2장

프로그래밍
Program + ing

프로그램의 기능
Function

우리는 매일 프로그램의 다양한 기능을 사용하고 있습니다. 국어 사전에서는 '기능'을 "일정 분야에서의 역할과 작용"이라 정의하고 있어요. 프로그램의 기능은 어떤 역할을 할까요? '한글'이라는 프로그램에서는 문서 작성을 쉽게 하기 위해 글자 색과 크기를 변경하고 표를 넣을 수 있는 역할을 제공합니다. 우리는 이러한 역할을 '기능'이라고 부르고요.

예를 들어 '파워포인트' 프로그램에는 문서에 표를 추가하는 기능, 문서를 인쇄하는 기능, 이미지를 삽입하는 기능 등을 제공합니다. '인터넷뱅킹' 프로그램은 내 통장의 잔액을 조회하는 기능, 계좌 이체 기능 등을 제공하고요. 카카오톡 프로그램은 메시지를 친구에게 보내는 기능, 친구를 초대하는 기능 등을 제공하지요.

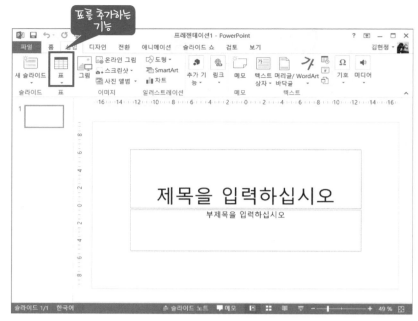

파워포인트 기본 화면

우리는 파워포인트 프로그램을 이용해 멋지게 발표할 수 있고, 은행에 가지 않아도 인터넷뱅킹 프로그램을 통해 친구에게 돈을 보낼 수 있습니다. 그런데 누가 이런 프로그램을 만들까요?

프로그램을 만드는 사람을 '소프트웨어 개발자'라고 부릅니다. 이런 개발자들이 일하는 회사를 '개발회사'라고 하지요.

프로그램과 프로그래밍
Program vs Programming

'프로그램'은 라틴어에서 유래된 단어로 '미리 쓴다'라는 의미예요. 우리는 파워포인트, 카카오톡 등과 같은 소프트웨어를 프로그램이라고 부릅니다. 소프트웨어 프로그램은 수많은 명령어가 순서대로 동작하도록 작성된 일종의 명령어 집합체라고 할 수 있어요. 연극 무대에서 배우들이 각본대로 자신이 맡은 역할을 연기하듯이, 프로그램도 각본대로 명령어들이 착착 실행되도록 작성되어 있죠. 방송 프로그램은 미리 짜놓은 방송 순서를 말하는데요. 소프트웨어 프로그램도 미리 짜놓은 명령어 순서를 말하지요.

컴퓨터는 0과 1밖에 모르는 단순한 녀석이에요. 그래서 친절하게 하나부터 열까지 시시콜콜하게 알려줘야 사람들의 명령을 처리할 수 있어요. 이런 컴퓨터에게 일을 시키려면 명령어를 순서대로 약속에 맞게, 그리고 문법을 지켜 작성해야 해요. 이러니 컴퓨터에게 일을 시킨다는 것은 만만한 작업이 아니랍니다. 컴퓨터는 이렇게 작성한 명령어들을 차례대로 실행해줍니다.

소프트웨어 프로그램에는 방법과 순서가 명령어로 적혀 있습니다. 방송 프로그램에 따라 저녁 9시가 되면 TV 뉴스가 나오고, 오전 10시가 되면 아침 드라마가 방영되는 것처럼, 소프트웨어 프로그램도 각본대로 명령어가 실행됩니다. 예를 들어 카카오톡 프로그램에서 '친구 찾기' 기능을 실행하면 미리 써놓은 명령어들이 실행되고요. 친구에게 톡을 보내기 위해 '전송' 기능을 실행하면 메시지 전송 명령어가 실행됩니다.

프로그램을 만드는 과정을 '프로그래밍'이라고 합니다. 프로그램이나 프로그래밍이나 비슷한 것 같지만, 엄연히 다릅니다. Program에 ing가 붙어 행동하는 단어로 바뀌거든요. 프로그램을 '명령어 집합체'라고 한다면, 프로그래밍은 '명령어를 작성하는 과정'을 말합니다. 여기서 명령어는 코드를 의미해요. 이러한 이유로 코드를 작성하는 과정을 '코딩'이라고 하지요. Code에 ing가 붙어서 행동하는 동사로 바뀌게 된 거예요. 요즘은 프로그래밍보다는 코딩이라는 단어를 더 많이 사용하고 있는데요. 코딩과 프로그래밍이 같은 의미로 사용되고 있어요.

코딩을 통해 인터넷뱅킹 프로그램을 만들 수 있고, 카카오톡 프로그램도 만들 수 있지요. 하지만 아무나 프로그램을 만들 수 있는 것은 아니에요. 컴퓨터가 어떻게 동작하는지 잘 이해해야 하고, 코딩하는 방법도 배워야 해요.

코딩은 다음과 같은 코드를 작성하는 것을 말해요.

파이썬 달력 모듈(calendar.py)

2장. 프로그래밍 Program + ing

고급 프로그래밍 언어 vs 저급 프로그래밍 언어
High Level Language vs Low Level Language

컴퓨터는 0과 1밖에 이해를 못합니다. 그래서 컴퓨터가 이해할 수 있는 코드로 프로그램을 만들어야 하지요. 갑자기 이런 생각도 듭니다. '무식하게 0과 1로 코딩을 할 바에 차라리 프로그램을 안 만들고 말겠어.'

컴퓨터가 처음 발명된 오래전에는 천공카드에 0과 1을 일일이 기록해 프로그램을 만들었어요. 물론 지금은 그렇게 힘든 코딩은 하지 않습니다. 사람들이 코딩을 쉽게 할 수 있도록 다양한 프로그래밍 언어를 제공하고 있거든요.

영어, 한국어 등을 언어라고 부릅니다. '언어'라는 말은 당연히 사람을 위한 단어이기 때문에 '사람 언어', '인간 언어'라는 말은 사용하지 않습니다. 하지만 컴퓨터가 사용하는 언어는 특별히 이렇게 부릅니다. '컴퓨터 프로그래밍 언어'라고요. 컴퓨터 프로그래밍 언어는 컴퓨터에게 명령을 내리기 위해 사용하는 언어입니다. 컴퓨터가 무식하다 보니 컴퓨터가 이해할 수 있는 언어로 명령을 작성해야 합니다. 언어마다 제각기 이름이 있는데요. 예를 들어 C, 자바(Java), 파이썬(Python) 등이 있습니다. 아래 그림은 전 세계적으로 많이 사용하는 프로그램 언어의 순위를 보여주고 있어요. 얼마 전까지는 C와 자바가 많이 사용되었는데, 파이썬이 갑자기 질주해 1위를 차지하고 있습니다.

전 세계 프로그래밍 언어 순위(2020년)

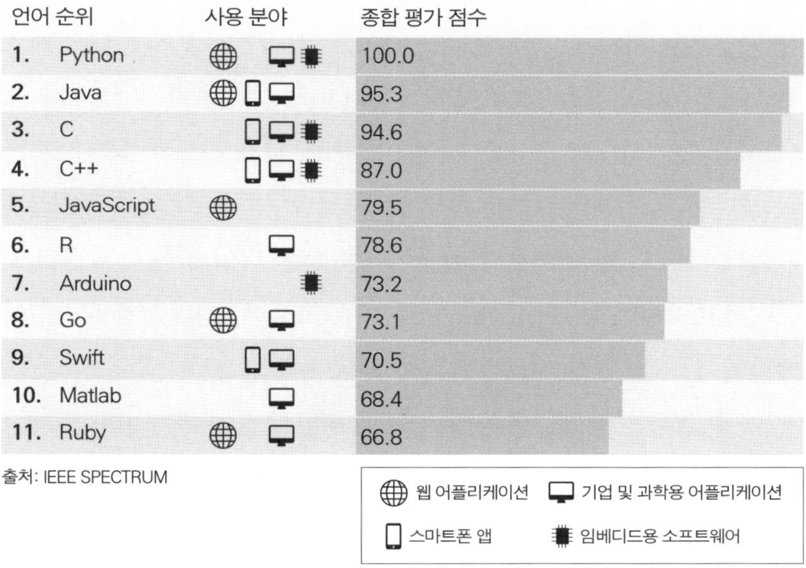

언어 순위	사용 분야	종합 평가 점수
1. Python	🌐 🖥 ▦	100.0
2. Java	🌐📱🖥	95.3
3. C	📱🖥▦	94.6
4. C++	📱🖥▦	87.0
5. JavaScript	🌐	79.5
6. R	🖥	78.6
7. Arduino	▦	73.2
8. Go	🌐 🖥	73.1
9. Swift	📱🖥	70.5
10. Matlab	🖥	68.4
11. Ruby	🌐 🖥	66.8

출처: IEEE SPECTRUM

🌐 웹 어플리케이션　🖥 기업 및 과학용 어플리케이션
📱 스마트폰 앱　▦ 임베디드용 소프트웨어

앞서 이야기했듯이 파이썬은 배우기 쉬운 언어라 학생들에게 인기가 많습니다. 또한 다양한 라이브러리를 제공해 개발자들에게도 인기가 높은 프로그래밍 언어랍니다. 스크래치를 이용해 코딩을 배울 수 있지만, 나중에는 C, 자바, 파이썬과 같은 프로그래밍 언어를 배워야 한답니다.

중국어, 영어를 공부하기도 부담스러운데, 컴퓨터 프로그래밍 언어도 이렇게 많다니 참 공부하기 어려운 세상입니다. 그래도 다행인 것은 영어와 독일어가 비슷하듯 C와 C++ 언어가 비슷합니다. 언어들이 비슷한 구석이 있기 때문에 한 언어를 배우면 다른 언어는 쉽게 배울 수 있어요.

프로그래밍 언어를 고급과 저급으로 분류합니다. 고급스러운 언어를 고급 프로그래밍 언어(High Level Language)라 부르고요. 반대는 저급 프로그램 언어(Low Level Language)라 합니다. 저급 프로그래밍 언어는 기계 언어와 가까운 언어죠. 저급언어를 사용하면 메모리 위치 등 하드웨어까지 고민해야 하니 어렵습니다.

고급 프로그래밍 언어를 사용하면 개발자가 하드웨어에 신경을 덜 쓰면서 프로그램 코드를 작성 할 수 있습니다. 그래서 고급스러운 언어라 하지요. 이 언어는 사람들이 사용하는 언어와 매우 가까워요. 그래서 if, while, exception 등의 단어를 사용하죠. 다만 컴퓨터가 이해할 수 있도록 번역 과정을 거쳐야 합니다.

다음 그림은 프로그래밍 언어의 위계질서를 보여줍니다. 기계어가 가장 아래에 있고요. 그다음이 어셈블리 언어예요. 그 위로 파이썬, C, 자바 같은 고급 프로그래밍 언어가 있어요.

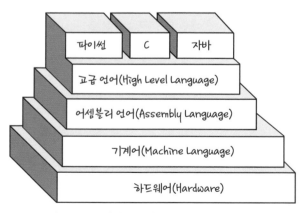

저급 프로그래밍 언어와 고급 프로그래밍 언어

소스 코드와 바이너리 코드
Source Code vs Binary Code

　컴퓨터는 무슨 언어를 사용할까요? 컴퓨터는 0과 1로 이루어진 '기계어'를 사용하고 있어요. 01011010 같은 기계어를 인간이 이해하는 것은 거의 불가능하기 때문에 인간에게 친숙한 단어로 컴퓨터 프로그래밍 언어를 만들었어요.

　10110000 01100001이라는 바이너리 코드 대신에 MOV AL, 61h라는 명령어를 작성할 수 있는 어셈블리 언어(assembly language)가 개발되어 명령어를 작성하는 어려움이 한결 줄었죠. 그래도 어셈블리 언어는 기계어와 가까운 '저급 프로그래밍 언어'입니다.

　어셈블리 언어는 CPU, 레지스터, 메모리 같은 하드웨어를 잘 알아야 명령어를 작성할 수 있으므로 언어를 배우거나 작성하는 데 어려움이 있었죠. 그래서 더 쉽고 더 발전된 '고급 프로그래밍 언어'가 만들어졌는데요. 우리가 사용하는 Java(자바), C, C#, PHP, Python(파이썬)이 바로 고급 프로그래밍 언어예요. 이 언어에는 사람들이 실생활에서 사용하는 while(~하는 동안에), if(~라면), exception(예외) 같은 단어가 명령어로 사용됩니다. 프로그래밍 언어에 영어 단어가 사용된 것은 유럽, 미국 등에서 언어가 개발되었기 때문입니다.

고급 프로그래밍 언어로 작성된 소스 코드	기계어로 작성된 바이너리 코드

public static void main(String[ ] args){
 	
   …
 	
if(hour >8)
 	
   Pay=RATE * 8 + 1.5 * RATE * (hour-8);
 	
else
 	
   Pay=RATE * hour;
 	
   …
	01110011 01100101 01110010 01
	01100101 01110010 00100000 01
	01101000 01100001 01110100 00
	01100100 01101001 01110011 01
	01110010 01101001 01100010 01
	01110100 01100101 01110011 00
	01100001 01101110 01111001 00
	01101001 01101110 01100011 01
	01101101 01101001 01101110 01
	00100000 01101101 01100101 01
	01110011 01100001 01100111 01
	01110011 00100000 01110100 01
	00100000 01100001 01101100 01
	00001101 00001010 00100000 00

그림에서 왼쪽은 소스 코드(source code)이고, 오른쪽은 목적 코드(object code) 혹은 바이너리 코드(binary code)입니다.

컴퓨터는 0과 1밖에 모르므로 소스 코드를 컴퓨터에게 주면 "무슨 말이지 모르겠어요"라는 반응을 보입니다. 그래서 소스 코드를 컴퓨터가 이해할 수 있는 명령어로 바꿔주는 번역기를 사용해야 하는데요. 이 번역기를 '컴파일러(compiler)' 혹은 '인터프리터(interpreter)'라고 불러요. 사람들이 고급 언어로 명령어를 작성하면 번역기로 컴퓨터가 이해할 수 있는 코드로 바꿔줘야 합니다.

고급 언어로 작성된 명령어를 '소스 코드(source code)'라 부르고, 기계어로 작성된 명령어를 '목적 코드(object code)' 혹은 '실행 가능한 코드(executable code)'라 부르고 있어요. 사람들이 원본(source) 코드를 만들면 컴파일러는 목적이 되는 바이너리 코드로 바꿔주기 때문에 source와 object라는 단어를 사용해요. 소스 코드가 번역되어 바이너리 코드가 되면, CPU는 이제야 코드를 이해하고 실행할 수 있게 됩니다. 그래서 '실행 가능한 코드'라고 부르기도 해요.

영화 속에서 0101010101로 가득 찬 장면이 등장할 때가 있는데요. 이 숫자들이 바로 '코드'예요. 정확히 말하면 0과 1로 구성된 '바이너리 코드'이지요. 이 코드를 작성하는 과정을 '코딩'이라 부릅니다.

2장. 프로그래밍 Program + ing

슈도 코드
Pseudo Code

프로그래밍 언어에는 종류가 참 많습니다. 언어마다 문법도 다르고, 개념도 조금씩 다르답니다. 프로그램을 어떻게 만들까 고민할 때 '슈도 코드(Pseudo Code)'를 먼저 작성할 때가 있어요. 'pseudo'는 '모조의', '가짜의'라는 의미인데요. 프로그래밍 언어 문법을 따르지 않고, 코딩 언어를 흉내 내어 작성한 코드를 슈도 코드라고 해요. 우리말로는 '의사 코드'라고도 합니다. 여기서 '의사'라는 단어는 '비슷하여 분간하기 어려움'을 의미해요.

사실 슈도 코드나 파이썬 코드가 비슷한데, 왜 '슈도 코드'를 작성하는 걸까요? 그냥 파이썬 코드를 바로 작성하면 되지 왜 시간 걸리게 슈도 코드를 작성하는 걸까요?

코딩에 어느 정도 익숙하고 간단한 소프트웨어를 만들 때는 슈도 코드 없이 바로 파이썬 코드를 작성하는 것이 더 효율적일 수 있어요. 하지만 처음에는 코드 작성에 능숙하지 않고, 생각하는 연습을 해야 하니 슈도 코드를 작성하는 것도 좋은 방법이에요.

슈도 코드	파이썬 코드
나이를 20으로 정하기	age = 20

나이가 18세보다 많다면
　"성인이에요"라고 출력
　"영화를 볼 수 있어요"라고 출력
나이가 18세보다 어리거나 같다면
　"성인이 아니에요"라고 출력
　"영화를 볼 수 없어요"라고 출력
	if age>18:
	　print("성인이에요")
	　print("영화를 볼 수 있어요")
	elif age<=18:
	　print("성인이 아니에요")
	　print("영화를 볼 수 없어요")

아주 복잡하고 큰 규모의 프로그램을 만들 때는 바로 코딩부터 하지 않아요. 계획, 설계, 코딩, 테스트 등 여러 과정을 거쳐 만들어야 해요.

계획 단계에서는 언제, 누가, 무엇을, 어떻게 프로그램을 개발할지 계획을 세웁니다. 설계는 소프트웨어를 어떻게 만들지 구체적으로 고민하는 단계예요. 복잡하고 큰 규모의 프로그램을 만들 때는 다양한 전문가들이 모여 함께 개발하기 때문에 설계 과정이 무엇보다 중요하지요.

설계 단계에서는 어떻게 프로그램을 만들지 구체적으로 고민하고 다른 개발자들과 공유하며 의견을 주고받는 과정을 가집니다. 건물을 지을 때 설계 도면을 그리는 것처럼 소프트웨어를 개발할 때도 설계 과정을 거치는 것이지요. 일반적으로 슈도 코드는 설계 단계에서 작성하는데요. 이렇게 미리 슈도 코드를 작성하면 다른 개발자에게 개발 방향을 공유할 수도 있고, 코딩 전에 잘못된 부분을 더 빨리 발견할 수도 있답니다.

컴퓨터에게 말을 건네는 내 모습을 상상해봅니다. "내가 곱하기 숙제가 있어서 그러는데, 계산기 프로그램을 만들어볼래?"

아, 컴퓨터가 내 말을 이해할 수 있으면 얼마나 좋을까요? 그러면 힘들게 코딩을 배우지 않아도 되잖아요. 하지만 지금은 컴퓨터가 그 정도로 똑똑하지 않습니다. 아마 가까운 미래에는 가능하지 않을까요?

TV 광고에서 한 아이가 인공지능 스피커에게 말을 겁니다. "오늘 날씨는 어때?" 그러면 인공지능 스피커가 이렇게 대답합니다. "오늘은 비가 올 것 같아요"라고요. 왠지 "내 숙제 좀 대신해줘"라고 하면 당장 해줄 것 같습니다. 하지만 아직 인공지능이 그렇게 사람처럼 똑똑하지는 않지요.

이런 이유로 우리는 컴퓨터를 공부하고 코딩을 배워야 합니다. 갑자기 이런 생각도 듭니다. "프로그램을 돈 주고 사면 되지, 왜 개발자도 아닌 내가 코딩을 배워야 할까?" 이렇게 어렵고 복잡해 보이는 코딩을 말이죠.

코딩을 배워야 하는 이유는 우리가 영어를 배워야 하는 이유와 같아요. 세상이 글로벌화되면서 영어를 할 수 있어야 직업을 얻고, 비즈니스를 할 수 있는 시대가 되었습니다. 세상은 매일매일 변합니다. 그러면서 이제는 컴퓨터 없이는 일할 수 없는 시대가 되었고, 우리 생활에서 소프트웨어가 중요한 역할을 하고 있습니다. 그동안 세상 사람들이 처리하던 일들을 소프트웨어가 대신하며 삶을 변화시키는 주인공이 되고 있습니다. 영어만큼이나 소프트웨어가 우리 삶에 중요한 역할을 하고 있어요. 미래를 준비하기 위해 우리가 영어를 공부해야 하는 것처럼 코딩을 배워야 하는 것이지요.

3장

파이썬
탐색하기

파이썬의 통합 개발 및 학습 환경
IDLE

파이썬을 실행하려고 보니, 다음과 같이 여러 메뉴가 나타납니다.

IDLE (Python 3.6 32-bit)

Python 3.6 Module Docs (32-bit)

Python 3.6 Manuals (32-bit)

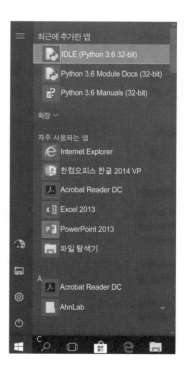

벌써부터 코딩 공부가 막힙니다. IDLE
은 무슨 말일까요? IDLE은 'Intergrated
Development and Learning Environ-
ment'의 약자로, 통합 개발 및 학습 환경
이라고 불러요. 왜 개발 환경이 필요할까
요? 한 가지도 아니고 통합이라는 말까지
사용하면서요.

파이썬은 사람들에게 친숙하게 만들어

진 고급 프로그래밍 언어예요. 그래서 while, if, else 같은 영어 단어를 이용해 코드를 작성할 수 있어요. 하지만 컴퓨터는 사람이 사용하는 말을 이해하지 못하는 녀석입니다. 그러니 우리가 만든 코드를 컴퓨터가 이해하도록 기계어로 번역해줘야 합니다. 파이썬 코드를 기계어로 번역해주기 위해 IDLE에서는 번역기를 제공하는데요. 파이썬의 번역기를 '인터프리터(interpreter)'라고 합니다.

파이썬 IDLE에서는 친절한 에디터를 제공해준답니다. 이 에디터에 코드를 작성하면, 코드가 여러 색으로 표시됩니다. print("Hello")라고 작성하면 print는 자주색으로 표시됩니다. "Hello"는 녹색으로 표시된답니다. 그리고 알아서 들여쓰기도 해줘요. 이렇게 다양한 색으로 표시도 해주고, 들여쓰기도 자동으로 해주니 코드 작성이 한결 수월해집니다.

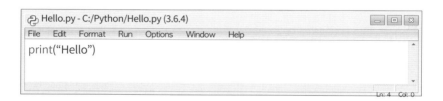

◆ 디버깅 방법은 14장에서 자세히 설명합니다.

파이썬 IDLE에는 디버깅◆ 기능이 탑재되어 있어요. 디버깅은 코드의 오류를 찾는 과정인데요. IDLE의 디버깅 기능이 코드의 오류를 찾는 데 도움을 준답니다.

파이썬 IDLE은 코딩을 쉽게 개발하고 배울 수 있게 해주는 통합 개발 및 학습 환경을 선물합니다. 자연이 선물한 환경에 꽃, 나무, 새, 물 등이 어우러져 있듯이, 개발 환경에는 코드 작성에 도움을 주는 에디터, 컴파일러, 디버거 등이 종합선물세트처럼 준비되어 있어요.

운영체제는 CPU, RAM, 하드디스크, 네트워크 등의 하드웨어를 관리하는 막강한 권력을 가진 소프트웨어입니다. 조선시대의 세종대왕만큼 특권을 가진 녀석입니다. 그래서 파워포인트 같은 응용 프로그램이 데이터를 하드디스크에 저장하고 싶으면, 운영체제에게 비굴모드로 부탁해야 한답니다. "운영체제 님! 지금까지 작성한 슬라이드 내용을 하드디스크에 저장해주시면 안 될까요?"라고요.

운영체제의 핵심 소프트웨어를 '커널(kernel)'이라고 부릅니다. 커널은 우리말로 '알맹이, 핵심'이라는 의미인데요. 운영체제라는 거대한 소프트웨어에서 핵심에 해당하는 아주 중요한 소프트웨어를 말해요. 앞에서 운영체제가 하드웨어를 관리한다고 설명했는데요. 운영체제의 커널이 바로 이 일을 해준답니다. 커널은 하드웨어를 관리하는 막강한 특권을 가지고 있어 '특권 모드(privileged mode)'라는 말까지 사용된답니다.

커널에 대비되는 말로 '셸(shell)'이라는 개념이 있어요. 셸은 '껍데기'라는 의미로, 사용자가 컴퓨터에 내린 명령을 번역해주고 커널에게 처리를 요청하는 응용 프로그램입니다. 셸은 커널과 사용자의 대화를 돕는 고마운 녀석이죠.

파이썬을 실행하면 창이 팝업됩니다. 제목에 'Python 3.6.4 Shell'이라고 쓰여 있는데요. 여기서 Shell이 바로 사용자의 명령어(print("안녕하세요"))를 번역해 커널에게 전달하는 프로그램입니다.

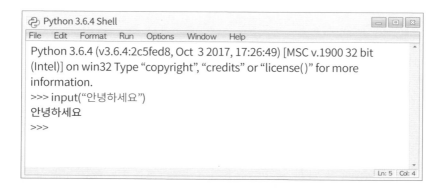

커널이 세종대왕의 특권을 가지고 있다면, 셸은 내시 정도 되는 비특권층의 프로그램이죠. 그래서 셸이 커널을 이렇게 호출한답니다. "커널 님! 황송하오나 커널 님의 도움이 필요하옵니다"라고요. 이 과정을 '시스템 호출(system call)'이라고 해요. 예를 들어 컴퓨터에게 "내 파일을 복사해줘"라고 명령을 내리면, 셸 프로그램은 하드디스크 접근 권한이 없어 커널을 호출하는데요. 이것이 바로 '시스템 호출'입니다.

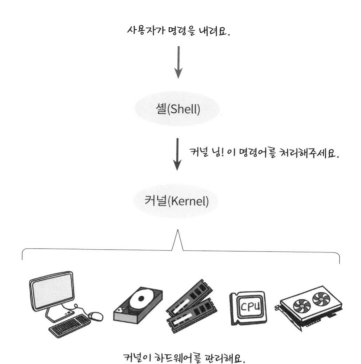

사용자가 명령을 내려요.

셸(Shell)

커널 님! 이 명령어를 처리해주세요.

커널(Kernel)

커널이 하드웨어를 관리해요.

'Python 3.6.4 Shell'에서 3.6.4는 버전을 의미합니다. 버전은 프로그램의 나이를 의미해요. 보통 버전이 1.0.0부터 시작하니, 파이썬이 오랜 세월을 보낸 안정적인 개발 언어처럼 느껴지는데요. 실제로 파이썬은 1991년에 만들어진 오래된 언어랍니다.

파이썬 버전
Version

1년 전에 만든 소프트웨어와 오늘 만든 소프트웨어를 구별하기 위해 '버전(Version)'을 사용한답니다. 'Office word 2013'에서 2013이 버전이고요. '네이트온 4.1'에서 4.1도 버전이죠.

소프트웨어를 만드는 개발회사에서는 소프트웨어에 기능이 추가되거나 변경될 때 이를 표시하기 위해 버전을 높입니다. 사람이 커가면서 나이를 먹듯이 소프트웨어도 버전을 붙여 변화를 기록하고 있는 거예요.

1991년에 태어난 파이썬은 이제 청년이 되었습니다. '버전 1'의 유아기를 거쳐 '버전 2'의 질풍 노도의 시기를 지나 지금은 어엿한 어른으로 성장해 2008년 '버전 3'이 되었죠. 유아기의 급성장기를 거치면서 파이썬에 다양한 기능이 추가되었고, 질풍 노도의 시기를 거치면서 버전 2와 3에 큰 변화가 생겼습니다.

보통 버전이 올라가면 이전 버전으로 만든 문서를 새로운 버전에서도 지원해야 해요. 예를 들어 마이크로소프트 워드 2010(Microsoft

Word 2010)에서 워드 문서를 만들면 마이크로소프트 워드 2013에서도 이 문서를 열고 편집할 수 있어야 합니다. 이것을 '호환성'이라 해요. 힘들게 작성한 문서가 새 버전의 프로그램에서 열리지 않는다면 무척이나 화가 나겠지요.

파이썬 버전 때문에 개발자들에게 고통을 준 사건이 발생합니다. 호환성은 무시된 채 파이썬 버전을 2에서 3으로 업그레이드하면서 개발자들 사이에 뜨거운 논쟁을 낳았습니다. 파이썬 2에서 작성한 코드가 파이썬 3에서 실행되지 않아 전 세계 많은 개발자들이 파이썬 3에 맞춰 프로그램을 수정해야 했었던 일이었지요. 더구나 파이썬 소프트웨어 재단(Python Software Foundation)에서 파이썬 2를 2020년까지만 지원하겠다고 발표한지라, 파이썬 2를 사용하던 개발자들은 어쩔 수 없이 파이썬 3으로 갈아타야 하는 상황이 된 것이죠. 이런 배경 때문에 인터넷이나 책에서 파이썬 2와 3을 구분해 설명을 달리 제공하고 있답니다.

파이썬을 이제 시작하는 우리는 참 다행입니다. 고민 없이 버전 3을 사용하면 되니까요. 코딩책도 파이썬 3을 가지고 공부하면 되니 간단해집니다. 이렇게 버전이 계속 높아지니 코딩책은 항상 최신 출간된 책을 구입해야 합니다.

버전을 표기할 때 1.0처럼 소수점을 사용합니다. 1.0에서 소수점 앞자리는 메이저 버전이라 부르고, 소수점 뒷자리는 마이너 버전이라고 부르는데요. 메이저 버전이 변경되면 무엇인가 크게 변경되었다는 의미이고, 마이너 버전이 변경되면 소소한 것들이 변경되었다는 의미입니다.

보통 파이썬 버전을 3.x라고 표시해요. x는 0부터 9 사이의 숫자를 말하기 때문에 Python 3.x는 3.0에서 3.9 버전을 의미한답니다. 이 책에서는 Python 3.x를 기준으로 파이썬 코드를 설명하고 있습니다.

파이썬 에디터
Editor

코드 편집창을 '에디터(editor)'라고 불러요. 한글, 워드 프로그램처럼 코드를 작성하고 편집할 수 있는 프로그램이에요. 이 에디터에 글자를 입력하면, 파이썬이 알아서 색을 바꿔줍니다. 그리고 들여쓰기가 있으면 한 묶음의 코드로 이해해주지요. 아래 에디터에 작성된 코드가 '소스 코드'예요.

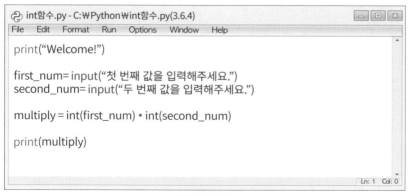

```
int함수.py - C:₩Python₩int함수.py(3.6.4)
File   Edit   Format   Run   Options   Window   Help

print("Welcome!")

first_num= input("첫 번째 값을 입력해주세요.")
second_num= input("두 번째 값을 입력해주세요.")

multiply = int(first_num) * int(second_num)

print(multiply)

                                                    Ln: 1   Col: 0
```

파이썬 에디터

파이썬은 고급 프로그래밍 언어입니다. 사람들이 이해할 수 있는 단어(if, while, print 등)를 사용해 코드를 작성할 수 있죠. 파이썬 에디터에 코드를 작성하고 다음과 같이 파일을 저장해볼게요.

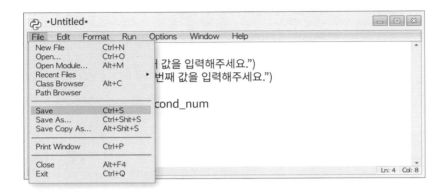

그러면 아래처럼 파일이 저장된 위치와 이름을 입력하라는 창이 팝업됩니다. 파일 형식을 보니 'Python files'라고 되어 있는데요. '파일 이름(N):'에 'Multiply'를 입력하고 '저장' 버튼을 클릭합니다.

저장된 폴더를 열어보니 파일 유형이 Python File이라고 알려줍니다.

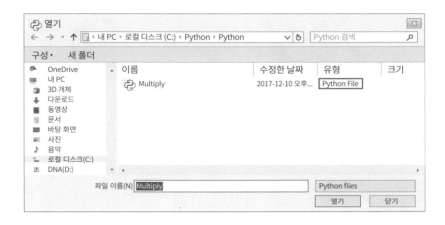

파이썬 코드를 저장하면 확장자가 .py로 정해집니다. 파이썬뿐 아니라 다른 프로그램들도 프로그램마다 자기만의 확장자를 사용하고 있어요. 한글 프로그램에서 파일을 저장하면 확장자는 .hwp가 되고, 파워포인트 프로그램에서 파일을 저장하면 확장자는 .ppt가 됩니다.

'명령 프롬프트' 프로그램을 통해 앞에서 저장한 파일의 확장자를 확인해볼게요. "디렉토리 목록을 보여줘"라는 의미로 'dir' 명령어를 입력하니 파일명이 'Multiply.py'로 보입니다. 파이썬 코드의 확장자는 .py라는 점을 기억해주세요.

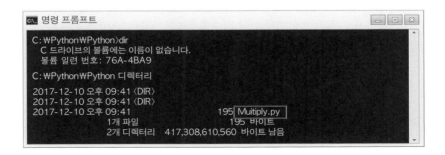

소스 코드를 저장하면
확장자가 .py가 됩니다.

PY

소스 코드를 작성합니다.

자, 이제 컴퓨터에게 명령을 내려볼까요? 'Run Module'을 실행하

◆ IDLE은 통합 개발 및 학습
환경을 의미합니다.

면 파이썬 IDLE◆이 내가 작성한 소스 코드를 컴
퓨터가 이해할 수 있는 코드로 번역해줍니다.

친절한 파이썬 IDLE 덕분에 번역기를 따로 설치하지 않아도 알아서
번역이 되는 것이죠.

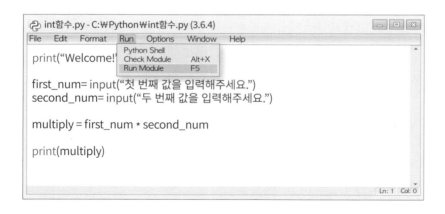

'Run Module◆◆' 버튼을 누르면 소스 코드가 바이너리 코드로 번

◆◆ 모듈은 13장에서 설명합
니다.

역됩니다. 이제 바이너리 코드로 컴퓨터에게 명
령을 내릴 수 있게 됩니다. 바이너리는 0과 1로

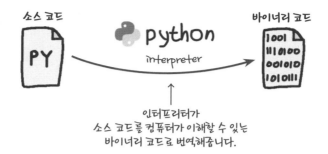

소스 코드   python   바이너리 코드

interpreter

인터프리터가
소스 코드를 컴퓨터가 이해할 수 있는
바이너리 코드로 번역해줍니다.

이루어진 이진법을 의미해요. 영어로 작성된 소스 코드를 컴퓨터가
이해할 수 있는 코드로 번역하면 0과 1로 작성된 코드로 변경되는데
요. 이 코드를 '바이너리 코드'라고 불러요.

파이썬 들여쓰기
Indent

파이썬에서는 다른 언어와 달리 '들여쓰기'가 중요한 의미를 가집니다. 영어로는 '인덴트(indent)'라고 하는데요. 들여쓰기는 코드를 하나의 블록으로 묶는 역할을 해요.

if로 시작하는 문장의 마지막 위치에 콜론(:)을 입력하고 엔터키를 누르면 커서의 위치가 들여쓰기를 한 것처럼 오른쪽으로 자동 이동합니다.

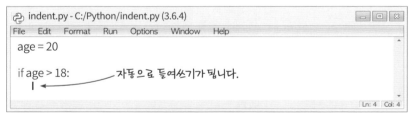

파이썬 에디터의 들여쓰기 모습

다음과 같이 print("성인이에요")라고 코드를 작성하고 다시 엔터키를 누르면 여전히 커서의 위치가 자동으로 들여쓰기되는데요. 들여쓰기를 통해 if로 시작하는 코드를 블록으로 묶는 역할을 합니다.

```
indent.py - C:/Python/indent.py (3.6.4)
File   Edit   Format   Run   Options   Window   Help

age = 20

if age>18:
    print("성인이에요")
    print("영화를 볼 수 있어요")

                                                              Ln: 4   Col: 4
```

이 코드의 의미를 한번 살펴볼게요. if는 '만약'이라는 의미를 가지고 있어요. 만약 나이(age)가 18세보다 많다면 if 문장 아래의 들여쓰기*한 코드를 실행해줍니다. 아하, 이 코드는 나이가 19세 이상이면 "성인이에요. 영화를 볼 수 있어요"라고 출력해주는 코드이군요.

◆ if문 아래에 작성된 코드가 하나의 블록으로 묶이려면 4칸 들여쓰기를 해주어야 합니다.

만약 나이가 18세 이하이면 "성인이 아니라 영화를 볼 수 없어요"라고 화면에 출력하고 싶습니다. 그러면 어떻게 해야 할까요? 그때는 elif를 사용합니다. elif는 'else if'의 줄임말이에요. else는 '또 다른'이라는 뜻을 가지고 있는데요. else if는 '또 다른 if'라는 의미예요.

elif age <=18를 작성한 후 :(콜론)을 끝에 붙이면 아래줄의 코드들이 자동으로 들여쓰기됩니다. 이 코드들은 elif의 블록으로 묶이는 거예요.

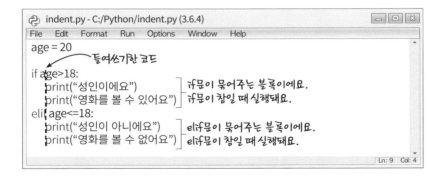

3장. 파이썬 탐색하기

여기서 잠깐!

자바, C 같은 프로그래밍 언어에서는 코드의 블록을 묶기 위해 { }를 사용합니다. 예를 들어 자바의 경우는 다음과 같이 작성합니다.

```
int age=20;
if (age > 18) {
    System.out.println("성인이에요");
    System.out.println("영화를 볼 수 있어요");
}

else if(age <=18) {
    System.out.println("성인이 아니에요");
    System.out.println("영화를 볼 수 없어요");
}
```

if가 시작하는 문장을 'if문'이라 부르는데요. 나이가 18세보다 많다면 { } 사이에 있는 코드가 실행되고, 나이가 18세 이하이면 { } 사이에 있는 코드가 실행됩니다(자바에서는 코드의 블록을 중괄호로 표시하기 때문에, 코드를 작성할 때 들여쓰기를 신경 쓰지 않아도 됩니다).

그럼에도 불구하고 개발자 세계에서는 들여쓰기가 중요한 의미를 가집니다. 코드를 정돈하여 작성하면, 이해도 쉽고 일을 깔끔하게 처리한다는 인식을 주기 때문이죠.

4장

플랫폼 독립하기
My code is
anywhere

플랫폼 독립적인 언어
Platform Independent Language

기차역에서 기차를 타고 내리는 곳을 플랫폼(platform)이라고 합니다. 하루에도 수십 대의 기차들이 플랫폼을 이용해 탑승객을 승하차시킵니다. 플랫폼에는 승객이 앉을 수 있는 의자도 있고, 기차의 도착 시간을 알려주는 전광판도 있죠. 이렇게 플랫폼은 여러 사람이 이용할 수 있는 공간을 제공해줍니다.

컴퓨터에도 플랫폼이 있어요. 플랫폼은 파워포인트, 카카오톡 등의 응용 소프트웨어가 구동되는 '환경'을 의미해요. 응용 소프트웨어가 살아갈 수 있는 환경을 제공한다는 점에서 소프트웨어와 하드웨어 플랫폼으로 나뉩니다. 하드웨어 플랫폼은 인텔 PC, SPARC 서버, IBM 메인프레임 등의 하드웨어 장비를 의미하고, 소프트웨어 플랫폼은 리눅스, 맥OS, 윈도우, 유닉스 등의 운영체제를 말해요.

소프트웨어 개발회사에서는 다양한 플랫폼에서 동작할 수 있는 프로그램을 개발합니다. 사용자들이 사용하는 운영체제가 다양하거든요. 이러한 이유로 개발자들은 플랫폼에 독립적인 언어(Platform

Independent Language)를 사용하고 싶어합니다.

　"플랫폼에 독립적이다"라는 말은 동일한 소스 코드로 변경 없이 어떤 플랫폼에서든 실행할 수 있다는 의미입니다. 만약 소스 코드를 매번 플랫폼에 맞게 작성해야 한다면 얼마나 비효율적일까요? 그렇기 때문에 대부분의 프로그래밍 언어는 플랫폼에 상관없이 구동할 수 있도록 만들어지고 있어요.

　　"Write once, run anywhere (WORA)"
　　한 번 작성하고, 어디에서든 실행하라.

　자바(Java)를 만든 썬마이크로시스템즈의 슬로건입니다. 자바 언어의 특징을 표현하는 문장이죠. 자바의 플랫폼 독립성 때문에 전 세계 개발자가 자바를 사랑합니다. 아래 그림의 내용처럼 30억 개 장비에 자바 프로그램이 설치되어 사용되고 있어요.

　자바는 어떤 플랫폼에서든 동작할 수 있도록 JVM(Java Vitual Ma-chine)이라는 '자바가상머신'을 사용해요. 이것이 자바 프로그래밍 언

어의 주요 특징이기도 합니다. 자바로 소스 코드를 작성하고 번역하면 '바이트 코드'를 만들어줍니다. 바이트 코드로 만들어진 자바 애플리케이션은 '자바가상머신'이 설치된 컴퓨터라면 어디든 실행이 가능해집니다. 자바가상머신이 바이트 코드를 플랫폼에 맞게 번역한 후 실행하기 때문이죠.

소스 코드

```
public static void
main(String[ ] args){ ...
if(hour >8)
    Pay=RATE * 8 + 1.5 * RATE
* (hour-8);
```

바이트 코드

```
CA  FE  BA  BE  00  00
54  65  73  74  41  72
00  06  3C  69  6E  69
04  43  6F  64  65  0A
00  0F  4C  69  6E  65
65  01  00  12  4C  6F
```

컴파일(Compile)을 하면 소스 코드를 바이트 코드로 번역해줘요.

바이너리

JVM
윈도우 운영체제

인터프리터

JVM
리눅스 운영체제

인터프리터

운영체제마다 설치된 JVM으로 번역해줘요.

JVM
유닉스 운영체제

이 자바가상머신에는 '인터프리터(intepreter)'라는 변역기가 있어요. 운영체제 혹은 하드웨어 장치에 맞게 바이트 코드를 번역하여 실행 가능한 코드로 변경해줍니다.

컴퓨터를 사용하다 보면 자바를 설치하라는 창을 본 적이 있을 거예요. 자바로 작성된 애플리케이션 실행을 위해 JRE를 설치하면 자바가상머신이 구동되어 자바 애플리케이션이 실행될 수 있는 환경을 제공합니다. 다음 그림이 바로 'Java Runtime Environment(JRE)'를 설

4장. 플랫폼 독립하기 My code is anywhere

치하라는 의미예요.

파이썬도 플랫폼에 독립적인 언어입니다. 다양한 운영체제에서 파이썬 프로그램이 실행되도록 인터프리터를 제공하고 있거든요. 잘 알려진 운영체제의 경우, 인터프리터를 사용하지 않아도 파이썬 코드가 실행되도록 파이썬 프로그램을 만들 수 있어요. 동일한 코드를 플랫폼에 맞게 번역할 수 있으니 다양한 플랫폼에서 실행이 가능한 것이랍니다.

플랫폼 독립적인 소프트웨어를 '크로스 플랫폼 소프트웨어(cross platform software)'라고 부릅니다. 크로스(cross)는 '여기저기를 넘나든다'는 의미를 가진 영어 단어인데요. 응용 소프트웨어가 여러 가지 플랫폼을 넘나들며 구동될 수 있다는 의미로 '크로스 플랫폼 소프트웨어'라고 부르죠.

크로스 웹 브라우저
Cross Web Browser

전 세계적으로 다양한 웹 브라우저가 공존하고 있습니다. 웹 브라우저는 네이버, 다음 등의 서비스를 받기 위한 클라이언트 프로그램이에요. 유명한 웹 브라우저로는 인터넷익스플로러, 크롬, 파이어폭스, 사파리 등이 있어요. 우리나라에서는 윈도우 운영체제를 많이 사용하고 있는데요. 이것이 인터넷익스플로러가 대중화된 계기가 되었습니다. 그러다 보니, 소프트웨어 개발기업들이 인터넷익스플로러만을 염두에 두고 웹 애플리케이션을 개발하게 되었답니다.

국내의 인터넷익스플로러 대중화는 액티브엑스(Active X) 기술에 의존한 웹 서비스 제공에 큰 몫을 했어요. 김수현과 전지현이 출연한 〈별에서 온 그대〉가 중국에서 큰 인기를 끌면서 중국 팬들이 한국의 인터넷 쇼핑몰에서 한류 상품을 사려고 했지만, Active X 때문에 상품 구입을 포기했다고 합니다. 중국 팬들이 사용하는 웹 브라우저에서는 Active X 기술이 무용지물이 되니, 한국 인터넷 쇼핑몰에 들어가 상품 결제를 할 수 없었던 것이죠.

2012년부터 웹 사이트의 Active X를 걷어내는 운동을 펼치고 있답니다. 이를 계기로 국내 웹 서비스가 다양한 웹 브라우저를 지원할 수 있도록 변화하고 있어요. 요즘은 소프트웨어 개발기업들이 '크로스 웹 브라우저(Cross Web Browser)'라는 말을 많이 사용하는데요. 회사에서 만든 웹 애플리케이션이 다양한 웹 브라우저에서 실행될 수 있다는 의미로 사용됩니다.

아래 그림처럼 서버에서 제공하는 웹 서비스가 인터넷익스플로러, 크롬, 파이어폭스 등 다양한 웹 브라우저에서 실행되면 크로스 웹 브라우저를 지원한다고 말해요.

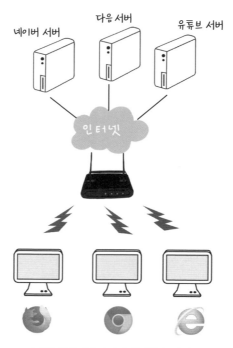

다양한 웹 브라우저에서 실행될 수 있어요.

크로스 웹 브라우저를 지원하기 위해 등장한 웹 프로그래밍 언어가 HTML5입니다. HTML은 'HyperText Markup Language'의 약자로 웹 페이지를 만들기 위해 사용되는 표준 프로그래밍 언어입니다. 숫자 5는 이 언어의 버전을 의미해요.

HTML로 작성된 웹 페이지

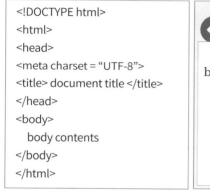

웹 브라우저에서 HTML 파일을 연 화면

HTML5는 HTML4의 멀티미디어 재생 문제 등을 개선하기 위해 만들어졌어요. 버전이 높아졌다는 것은 무엇인가 좋아졌다는 힌트랍니다. HTML4에서는 오디오, 비디오와 같은 멀티미디어를 실행하기 위해 플래시 플러그인(Flash Plugin)을 설치해야 했어요. 하지만 HTML5에서는 그럴 필요가 없어졌답니다. HTML5를 지원하는 웹 브라우저에서는 플러그인 없이도 멀티미디어를 직접 재생할 수 있거든요. HTML5로 웹 페이지를 개발하면, 웹 개발자의 수고로움이 한결 줄어들것 같습니다. 코딩 한 번으로 다양한 웹 브라우저에서 실행할 수 있게 되니까요. 이러한 배경으로 'HTML5 기반의 웹 프로그래밍'이라는 말을 사용하곤 합니다.

4장. 플랫폼 독립하기 My code is anywhere

아스키 코드와 유니코드
ASCII vs Unicode

파이썬은 미국에서 개발되었기 때문에, 한글이나 한자 같은 다른 나라의 문자를 지원하지 않았어요. 하지만 파이썬 2.0부터 유니코드 문자형을 도입하게 되면서 세계 여러 나라의 언어를 다룰 수 있게 되었죠.

코딩을 하는 사람이라면 언젠가 접하게 되는 용어가 바로 '유니코드'예요. 그러니 유니코드가 어떤 배경에서 사용되는지 한번 알아보도록 해요.

인터넷 웹 브라우저에서 마우스 오른쪽 버튼을 클릭하면 75쪽 그림과 같은 팝업창이 나타납니다. '인코딩'이라는 메뉴가 있고 '유니코드(UTF-8)'가 선택되어 있네요.

우리가 키보드로 A를 입력하면 컴퓨터는 이것을 숫자(65)로 변환해줍니다. 이것을 '문자 인코딩'이라고 해요. 왜 숫자로 바뀌어야 하냐고요? 컴퓨터는 0과 1밖에 이해를 못하잖아요. 그래서 모든 데이터를 숫자로 바꿔줘야 해요. "컴퓨터야, 내가 키보드로 A를 누르면 너는 65

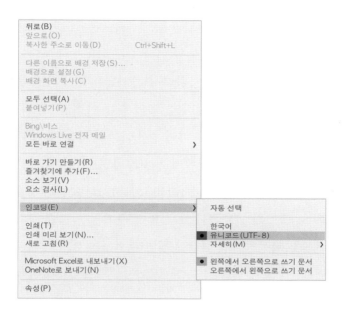

로 이해하면 된단다"라고 친절하게 설명해주는 것이 문자 인코딩입니다.

컴퓨터가 발명된 초기에는 컴퓨터마다 문자 인코딩이 제각각이었어요. 컴퓨터들이 사용하는 문자 코드가 제각각이니, 컴퓨터들이 서로 정보를 주고받을 때 "네가 준 정보를 이해 못하겠어"라는 반응을 보입니다. 그래서 컴퓨터 회사들이 모여 약속을 정합니다. "우리 앞으로 A는 65로 통일합시다"라고요. 이렇게 약속을 정하는 과정을 '표준화(standardization)'라고 합니다. 약속을 정한 결과가 '표준(standard)'이고요.

미국 컴퓨터 회사들은 문자 코딩에 대한 표준의 이름을 '아스키(ASCII)'라고 지었어요. ASCII는 'American Standard Code for Information Interchange'의 약자로, 우리말로는 '미국정보교환표준부

호'라고 합니다. 즉 '정보를 주고받을 때 사용하는 표준 코드'를 의미해요.

이렇게 표준 문자 코드를 사용하니 주고받는 정보가 충돌하는 문제를 해결할 수 있게 되었습니다. 77쪽의 표는 아스키 코드를 정리한 거예요. Hello를 키보드로 입력하면 컴퓨터는 이것을 72 101 108 108 111로 바꿔줍니다. 그리고 컴퓨터가 처리할 수 있는 숫자인 이진수 (01001000 01100101 01101100 01101100 01101111)로 변경해주죠.

그런데요. 아스키 코드표를 보니 영어 문자밖에 없습니다. 우리나라에서 문서를 작성하려면 한글도 입력해야 하고 한자도 입력해야 하는데 말이죠. 이 표에 한글, 한자가 없는 이유는 ASCII가 미국에서 사용하려고 만든 코드이기 때문입니다.

1바이트는 8비트입니다. 1비트는 0과 1 두 가지 데이터만 표시할 수 있어요. 비트가 커질수록 데이터를 표시할 수 있는 가짓수가 2^n개로 늘어나는데요. 2비트라면 2^2개로 4가지를 표현할 수 있게 되는 것이죠.

1비트가 표시할 수 있는 값은 0과 1로 2가지입니다.

2비트가 표시할 수 있는 값은 00, 01, 10, 11로 4가지입니다.

3비트가 표시할 수 있는 값은 000, 001, 010, 011, 100, 101, 110, 111로 8가지입니다.

…

7비트라면 2^7개(128개), 8비트라면 2^8개(256개)의 데이터를 표현할 수 있습니다. 아스키 코드는 7비트를 사용해 128개의 문자를 숫자로 변환할 수 있어요. 이 표에서 제일 큰 숫자가 127인 이유가 이 때문이

ASCII 코드표

ASCII	Char	ASCII	Char	ASCII	Char
32	Space	64	@	96	`
33	!	65	A	97	a
34	"	66	B	98	b
35	#	67	C	99	c
36	$	68	D	100	d
37	%	69	E	101	e
38	&	70	F	102	f
39	'	71	G	103	g
40	(	72	H	104	h
41	)	73	I	105	i
42	*	74	J	106	j
43	+	75	K	107	k
44	,	76	L	108	l
45	−	77	M	109	m
46	.	78	N	110	n
47	/	79	O	111	o
48	0	80	P	112	p
49	1	81	Q	113	q
50	2	82	R	114	r
51	3	83	S	115	s
52	4	84	T	116	t
53	5	85	U	117	u
54	6	86	V	118	v
55	7	87	W	119	w
56	8	88	X	120	x
57	9	89	Y	121	y
58	:	90	Z	122	z
59	;	91	[	123	{
60	〈	92	\	124		
61	=	93	]	125	}
62	〉	94	^	126	~
63	?	95	_	127	Forward del.

죠. 컴퓨터는 0부터 시작한다는 점을 생각하면 아스키 코드는 128개 문자 코드를 가지고 있는 것입니다.

하지만 컴퓨터가 데이터를 처리하는 단위는 비트가 아닌 '바이트' 라는 사실. 컴퓨터에서 ASCII 코드표를 저장하기 위해서는 7비트만 필요하지만, 1비트를 덤으로 추가해 1바이트(=8비트)를 사용하고 있어요. 그러면서 이렇게 알려주고 있어요. "1비트는 덤이니까 쓰고 싶은 코드를 추가해서 써."

영어권 국가뿐 아니라 다른 나라에서도 컴퓨터를 사용하니, 미국에서만 사용할 수 있는 아스키 코드로는 한계가 있었어요. 우리나라에도 EUC-KR이라는 문자 코드표가 있어요. 아스키 코드를 확장해 만든 코드라 길이가 2바이트(=16비트)입니다.

나라마다 다른 문자 코드가 있다 보니 컴퓨터들이 데이터를 보내는 과정에서 충돌이 생기기 시작했어요. 인터넷에서 글자가 깨져서 표시되는 경우가 이런 문제 때문이죠.

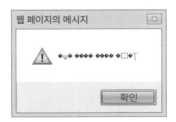

예를 들어 미국에서는 'A'가 65인데, 우리나라에서는 '가'를 65로 문자 코드를 사용하고 있다고 생각해보세요. 미국 친구 컴퓨터에서 'A'라는 문자를 내 컴퓨터로 보내면, 내 컴퓨터는 문자 코드에 따라 65를 '가'로 바꾸어준답니다. 이러면 서로 정보 교환이 불가능하겠지요.

그래서 '유니코드(Unicode)'가 만들어진 거예요. 나라마다 제각각이던 문자 코드를 새로운 체계로 통일했기 때문에 통일의 염원을 담아 '하나로 된'이라는 뜻의 'Uni'를 넣어 이름을 지어준 거예요.

유니코드에서는 1~4바이트 크기의 문자 코드를 사용할 수 있어요. 영어, 한국어, 중국어, 아랍어 등 전 세계 문자를 담을 수 있는 약속을 정한 것이죠.

인터넷에서 사용하는 유니코드 인코딩 방식은 UTF-8입니다. 그래서 웹 브라우저에서 UTF-8을 선택해 사용하는 거예요.

decode("utf8")이라고 코드를 작성한다면 "UTF8 방식으로 문자를 해석해주세요"라고 컴퓨터에게 알려주는 것이랍니다.

워드 프로그램에서 유니코드를 확인할 수 있어요. 아래 그림같이 '기호'를 실행해보세요.

그러면 다음과 같은 창이 나타납니다. A를 선택하니, 문자 코드가 유니코드 기준으로 0041로 표시됩니다. 여기서 0041은 16진수로 표현된 거예요. 10진수로는 65가 됩니다.

코드 기준에서 '유니코드'를 'ASCII'로 변경해도 A는 0041로 동일하네요. 유니코드의 128개 코드를 아스키 코드와 동일하게 만들었기 때문이에요.

프로그래밍 언어의 인코딩 세계

전 세계적으로 파이썬 못지않게 C와 자바(Java)가 프로그래밍 언어를 주름잡고 있습니다. 그런데 이 두 언어의 인코딩 방식이 다릅니다. C는 아스키 코드를 사용하지만, 자바는 유니코드를 사용해요. C 언어가 개발되었던 1970년대는 아스키 코드만 사용하던 시기라서 그렇답니다. C 언어에서 유니코드를 사용하려면 별도의 방법이 필요해요. 반면 유니코드가 확산되던 1990년대의 자바 언어는 기본적으로 유니코드를 지원하죠.

글로벌 시대에 내가 만든 프로그램이 다른 나라에서도 사용될 수 있으니 소스 코드를 작성할 때 '문자 인코딩'은 중요한 개념입니다. 웹 애플리케이션을 개발할 때 문자 인코딩은 초급 개발자의 애를 먹이는 녀석이기도 합니다. 파일을 EUC-KR 문자코드로 저장하지만, 웹 브라우저에서는 유니코드로 처리한다면 한글이 깨져 출력될 수 있어요. 이런 문제를 잘 해결하려면 유니코드의 개념을 제대로 이해하는 것이 중요하답니다.

5장

적재, 실행, 입출력

적재하다
Load

　'적재하다(load)'라는 말은 트럭이나 배에 짐을 실을 때 사용하는 말인데요. 컴퓨터에서도 '적재하다'라는 말을 자주 사용합니다. CPU가 프로그램을 실행하기 위해서는 하드디스크에 저장된 바이너리 코드를 메모리(RAM)에 옮겨야 하는데요. 이것을 '적재한다'라고 해요. 이러한 이유로 컴퓨터 책에서 '메모리에 적재한다'라는 표현을 자주 볼 수 있죠.

　웹 사이트에 접속하면 종종 'Loading(로딩)'이라는 단어를 보게 됩니다. 서버에서 클라이언트(내 컴퓨터)로 웹 페이지에 담길 그림과 글자를 보내주는데, 그림과 글자를 받고 있는 동안에 'Loading'이라는 표현이 나옵니다. 서버로부터 이미지, 글자 등을 받으면 클라이언트(내 컴퓨터)는 이것을 메모리에 적재해 웹 브라우저에 담아 모니터 화면에 출력해줍니다. 만약 이미지가 많아 서버로부터 받는 시간이 오래 걸린다면 '로딩 시간이 길다'라고 하죠.

LOADING

Load라는 단어는 '적재하다'라는 의미뿐 아니라 '짐'이라는 의미도 가지고 있습니다. 여행을 갈 때 짐이 많으면 힘들 듯이, 컴퓨터도 짐이 많으면 해야 할 일이 많다는 의미예요. 컴퓨터 전문가들은 '짐'이라는 표현 대신에 한자어로 '부하'라는 말을 사용해요.

'서버에 부하(load)가 많다'는 말은 트럭에 짐이 많이 실려 버겁듯이, 서버에도 일이 몰려 처리할 것이 많다는 의미랍니다.

실행하다
Execute

　'실행하다(execute)'는 컴퓨터가 프로그램의 명령어를 수행하는 과정을 의미해요. 바탕화면의 아이콘을 더블클릭해 '인터넷익스플로러'라는 응용 프로그램을 실행하면 운영체제는 하드디스크에 저장된 바이너리 코드를 메모리에 적재(load)해요. 트럭에 물건을 싣듯이 메모리에 데이터를 쌓아올린다는 의미로 '적재하다'라는 말을 사용합니다. CPU는 메모리에 적재된 바이너리 코드를 실행(execute)해 이메일 보내기, 뉴스 보기 등 응용 프로그램의 기능을 실행해줍니다. '메모리에 적재하다'라는 표현이 어렵다 보니 종종 '메모리에 올리다'라는 표현을 사용하기도 합니다.

　앞에서 이야기했듯 컴퓨터는 0과 1밖에 모르는 녀석이기 때문에 사람이 친절하게 컴퓨터가 이해할 수 있는 언어로 명령을 내려야 해요. 하지만 사람들이 01011로 된 기계어로 명령어를 작성할 수는 없잖아요. 그래서 자바, 파이썬 같은 언어로 사람이 이해할 수 있는 단어를 사용해 명령어를 작성하고 있습니다. 이렇게 작성된 소스 코드는 컴퓨터가 이해할 수 있는 바이너리 코드로 번역해줘야 합니다. 번역된 바이너리 코드는 컴퓨터가 이해하고 실행할 수 있는 코드이기 때문에 '실행 가능한 코드'라고 합니다.

명령 프롬프트를 실행하여 '인터넷익스플로러'가 설치된 폴더를 열어보겠습니다. 윈도우 운영체제에서 폴더 안의 파일을 보는 'dir' 명령어를 입력하고 엔터키를 누르면, 아래 그림과 같이 확장자와 함께 파일 목록을 출력해줍니다.

확장자가 .exe로 끝나는 파일들이 보이시나요? ExtExport.exe, iexplore.exe 등 여러 파일이 보입니다. 여기서 exe는 executable의 약자입니다. 확장자가 .exe로 끝나면 '저는 실행가능한 파일이에요'라고 알려주는 거랍니다. 이 파일에는 인터넷익스플로러 실행에 필요한 명령어가 0과 1의 바이너리 코드로 작성되어 있답니다.

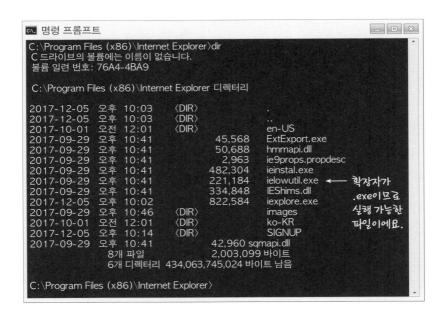

프로그램의 바이너리 코드를 메모리에 올려야 코드를 실행할 수 있기 때문에 '실행한다'라는 말은 메모리에 적재하는 상황에서 사용할 수 있어요.

'실행한다'는 의미로 run이라는 단어도 종종 사용해요. Python IDLE을 실행하면 아래와 같이 코드를 작성하는 에디터가 나타납니다. print("실행해라 오버")라는 코드를 실행하려면 Run Module 메뉴를 클릭해야 해요. 이 메뉴를 클릭하면 코드를 번역해 메모리에 올려주고 CPU가 코드를 실행하게 됩니다.

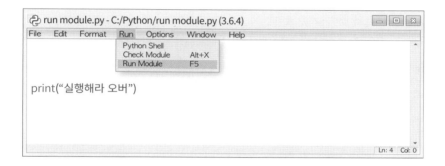

입력과 출력
Input and Output

'입력(input)'은 컴퓨터에 데이터를 넣는 것을 의미해요. input은 in(안에)과 put(놓는다)이 결합된 단어입니다. 반대로 '출력(output)'은 컴퓨터에서 데이터를 빼내는 것을 의미하는데요. output은 out(밖에)과 put(놓는다)이 결합된 단어입니다.

컴퓨터에 데이터를 넣기 위해 키보드로 글자를 입력하기도 하고, 마우스로 버튼을 클릭하기도 해요. 반대로 컴퓨터에서 데이터를 빼내어 모니터 화면에 글자를 보여주기도 하고, 프린터로 종이에 데이터를 인쇄하기도 한답니다.

네이버에 로그인하려면 아이디와 비밀번호를 '입력'해야 해요. 컴퓨터에 데이터를 넣어주는 빈칸을 '입력 필드'라고 해요.

아이디와 비밀번호를 입력하고 '로그인' 버튼을 마우스로 클릭해야 해요. 버튼(button)이라는 단어는 실제로도 전기장치의 전류를 끊거나 흐르게 하는 단추를 의미해요. 그래서 버튼을 누르면 전류를 흐르게 하여 전구의 불이 켜지듯이 컴퓨터 프로그램에서도 버튼을 누르면 우리가 원하는 기능을 실행할 수 있어요. 마우스로 '로그인' 버튼을 눌러주면 1이라는 신호를 컴퓨터에 넣어주는 역할을 해준답니다. 그래서 버튼을 누르는 것도 '입력'이에요.

파이썬에서는 사용자의 입력을 받을 수 있는 input( ) 함수가 있어요. input( ) 명령어를 작성하고 엔터키를 누르면, 파이썬은 '값을 입력해주세요'라는 의미로 커서를 깜박입니다.

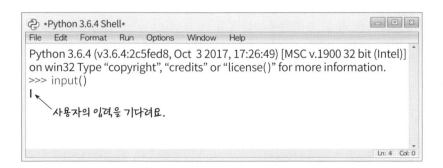

100이라는 숫자를 입력하고 엔터키를 누르면 바로 아래에 100을 출력해주는데요.

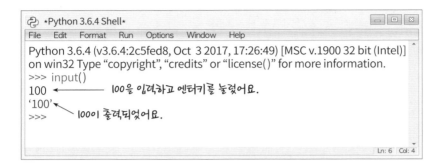

반드시 모니터나 프린터로만 데이터가 출력되는 건 아니에요. 함수에서 나온 결과도 '출력'이라고 합니다. 아래와 같이 함수에 들어가는 데이터를 '입력'이라 하고, 함수에서 나오는 결과를 '출력'이라고 해요.

입력(INPUT) ⟶ 함수 ⟶ 출력(OUTPUT)

파이썬에는 문장을 출력해주는 함수가 있어요. 바로 print( )인데요. print( ) 함수의 입력으로 '안녕하세요'라고 입력하면 화면에 바로 '안녕하세요'라고 출력해줍니다.

'안녕하세요' ⟶ print( ) 함수 ⟶ '안녕하세요'

함수◆의 괄호 안에 문장을 넣어주는데요. 이 | ◆ 함수는 9장에서 설명합니다.
문장이 바로 입력값이에요. 이 입력값은 문자열이기 때문에 꼭 큰따옴
표나 작은따옴표로 묶어줘야 한답니다. print("안녕하세요"), print('안
녕하세요')와 같이요.

입력한 값을 그대로 화면에 출력하는 정도는 시시하다고요? 조금
더 복잡한 예를 보여드릴게요. 다음처럼 input( ) 함수로 2개 숫자를 입
력받아 값을 곱한 다음 곱한 결과를 print( ) 함수로 출력할 수 있어요.

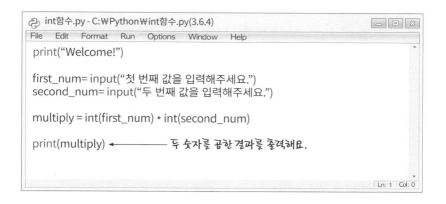

프로그램을 사용하다 보면 오류 메시지가 나타나는 경우가 있지
요. 이런 오류 메시지도 출력에 해당하기 때문에 '오류 메시지가 출력
되었습니다'라는 표현을 사용해요.

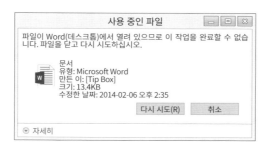

파워 버튼의 의미

자동차에서 파워(POWER) 버튼을 한 번 누르면 시동이 켜지고, 한 번 더 누르면 시동이 꺼지는데요. 0과 1의 값을 가지는 이진법이 적용되는 버튼이랍니다. 파워 버튼(⏻)을 보면, 한쪽 귀퉁이가 깨진 원과 막대 모양이 합쳐져 표시되어 있어요. 여기서 원 모양은 0을 의미하고, 막대 모양은 1을 의미해요. 노트북 컴퓨터, 모니터 전원 버튼에도 ⏻표시가 있답니다.

또한 0과 1이 표시된 스위치를 본 적 있죠? 1을 누르면 전원이 들어오고, 0을 누르면 전원이 꺼지는데요. 이것이 바로 이진법의 세계랍니다.

6장

데이터를 담는
변수

변수
Variable

우리는 수학 시간에 변수와 상수를 배운 적이 있습니다. '변수'란 변하는 수를 말하는데요. x, y 같은 기호가 머릿속에 떠오릅니다. 그럼 상수는 무엇일까요? '상수'란 항상 고정된 수를 말합니다. 예를 들어보면 나이와 몸무게, 해가 뜨고 지는 시각 등이 변수가 됩니다. 학교 주소는 변하지 않으니 상수가 될 수 있겠네요.

그런데 왜 변수를 사용할까요? 세상은 고정되지 않고 항상 변화하기 때문입니다. 그래서 우리는 이런 변화를 수용해 담을 수 있는 그릇이 필요하죠. 우리의 삶은 매일 변화합니다. 이렇게 변하는 삶에 도움을 주기 위해 프로그램을 만들어 사용하는 거예요. 1990년대에 은행에 가서 돈을 입금하면, 은행 직원이 통장에 입금 금액과 날짜, 잔액을 볼펜으로 기록해주었습니다. 이 모든 과정이 컴퓨터로 처리되고 있는 지금에서는 그때의 일이 아날로그의 추억으로 느껴집니다. 디지털 기기로 중무장되어 있는 은행에 가면 자리마다 컴퓨터가 있습니다. 컴퓨터에 입금 금액을 입력하면 잔액이 자동으로 계산되고 프린터를 이

6장. 데이터를 담는 변수

용해 통장에 금액을 기록해줍니다.

프로그램은 우리의 삶을 편하게 해주는 고마운 존재이지요. 타자기로 문서를 작성하던 시절을 회상하면 지금의 모습이 신기할 따름입니다. 키보드가 그 자리를 대신하긴 했지만, 이제는 '한글', 'MS Word'라는 소프트웨어를 이용해 손쉽게 문서를 작성할 수 있는 시대에 살고 있습니다.

학생들이 얼마나 성장했는지 계산해주는 성장률 프로그램을 만든다고 생각해봅시다. 성장률을 계산하려면 매월 얼마나 키가 컸는지, 몸무게는 얼마나 늘었는지를 기록해야 합니다. 하루가 다르게 자라는 초등학생들의 키와 몸무게는 고정되어 있지 않으니까요. 이럴 때 '변수'를 사용한답니다. 프로그램은 매월 바뀌는 학생들의 키와 몸무게를 입력할 수 있는 기능을 제공해야 해요. 아마 다음과 같은 모습으로 프로그램을 만들 수 있겠습니다.

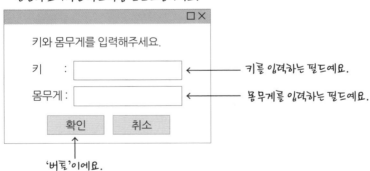

프로그램에서 키와 몸무게를 입력하는 칸이 '입력 필드'예요. 입력 필드에 키와 몸무게를 입력하면 코드에 작성된 변수에 담겨 처리됩니다.

정수형 변수
integer

코드를 작성할 때 변수를 '정의(define)'해야 합니다. 국어사전도 아닌데 뜬금없이 '정의'냐고요? 변수 정의는 이런 의미를 가집니다. "여러분! 앞으로 height라는 변수를 사용할 겁니다. 모두들 잘 기억해 주세요. 그리고 이 변수는 0, 1, 2, 3 같은 정수를 담을 겁니다"라고 알리는 거예요. 변수를 정의하는 코드는 이렇게 작성해요.

int   height

데이터 형식을 지정하는 거예요.   변수 이름이에요.

이 코드에서는 정수형 변수를 사용하기 위해 int라는 단어를 사용하고 있어요. 그리고 변수 이름을 height라고 붙였습니다.

변수에는 여러 종류가 있답니다. 정수를 담는 변수가 있고, 실수를 담는 변수가 있어요.◆

◆ 데이터형이란, 데이터의 형태를 말해요. 데이터 형태가 0, 1, 2 같은 형태면 정수형이라 하고요. 1.1, 1.2, 1.3 같은 형태면 실수형이라고 해요. "코딩 재미없어요" 같은 문자 형태는 문자형이라고 합니다.

6장. 데이터를 담는 변수

물론 문자를 담는 변수도 있고요. 상자에 사과를 담으면 사과 상자가 되고, 수박을 담으면 수박 상자가 되는 것처럼 변수에 정수를 담으면 정수형 변수가 되고, 실수값을 담으면 실수형 변수가 되지요.

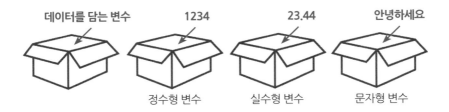

변수는 물건을 담는 박스와 같아요. height 변수에 140을 담으려면 이렇게 작성해야 해요.

height = 140 ← height 변수에 140을 담아주세요.

어? 그런데, = 기호는 '같다'라는 의미잖아요. 수학에서 =는 같다는 의미지만, 코딩의 세계에서는 '변수에 정수를 담아주세요'라는 의미입니다. 유식한 말로 'height에 140을 할당하다' 혹은 'height에 140을 대입하다'라고 하지요.

프로그래밍 언어가 다양하다 보니, 언어마다 문법과 쓰임새가 다르답니다. 자바(Java), C 코딩 언어로 변수를 정의◆할 때는 int나 float와 같이 데이터형을 꼭 표시해주시고 정의해야 하는데요. 파이썬 코딩 언어는 int나 float를 적어주지 않아도 변수를 선언할 수 있어요.

◆ '정의한다'는 의미 대신에 '선언한다(declare)'라는 표현을 사용하기도 해요.

쉬어가는 퀴즈
- - - - - - -

몸무게를 입력하기 위해 실수형 변수를 선언하려고 합니다.
소스 코드를 작성해보세요!
(힌트: 실수형 변수를 정의하기 위해 float를 사용해야 합니다.)

정답)
float weight

101

문자형 변수
string

수학을 공부한 우리로서는 변수의 이름이 왠지 x, y이어야만 할 것 같습니다. 하지만 개발자들은 이름을 이렇게 멋 없게 짓지 않는답니다. 이름만 봐도 어떤 값이 들어갈지 쉽게 알도록 변수의 이름을 정하지요. 그래서 myFriend, myTeacher와 같이 변수명을 사용합니다.♦

♦ 코딩 언어마다 각각의 코딩 관례(coding convention)가 있습니다. 일종의 코딩 가이드인데요. 복합명사로 이루어진 변수 이름을 작성할 때는 낙타 등처럼 글자의 높이가 올라갔다 내려가도록 작성하고, 코드 블록의 들여쓰기는 공백 4칸으로 정하는 등 언어마다 작성 가이드가 있어요. 예를 들어 is와 alive가 합쳐진 복합명사로 변수명을 짓고 싶다면, isAlive로 표기해요.

그런데요. 왜 변수 이름을 '내 친구'와 같이 한글로 정할 수는 없는 걸까요? 물론 한글 이름도 가능하답니다. '학생'과 같이 변수 이름을 정할 수 있어요. 하지만 코딩의 세계에서는 변수 이름을 영어로 작성하는 편이에요.

'string name'과 같이 변수를 선언하면 어떤 의미일까요? 사전에서 string을 찾아보니, "줄, 끈"이라는 정의가 나옵니다. string은 여러 개의 문자가 모여 하나의 줄이 되었다는 뜻으로, 우리말로는 '문자열'이라고 해요. 문자열이 담겨진 변수를 '문자형 변수'라고 합니다.

이 코드의 의미는 이렇답니다. "모두들 들으시오. 앞으로 name이라는 변수를 사용할 것이오. 이 변수에는 문자열을 담을 것이니 그리아시오!"

문자형 변수에는 "hello" 같은 문자들을 담을 수 있어요. 문자열을 사용할 때는 큰따옴표(" ")나 작은따옴표(' ')로 문자를 묶어줘야 해요. 그러지 않으면 컴퓨터는 이렇게 말할 거예요. "문법에 오류가 있는 거 같은데요!"

string name="hello"

그럼 문자와 문자열의 차이는 무엇일까요? 문자는 한 개의 글자를 말하고, 문자열은 여러 개의 문자들을 말해요. 문자를 저장하는 데이터형은 char입니다. char는 character의 앞의 글자이죠.

char name='c'

컴퓨터는 정말 까다로운 녀석입니다. 문법을 지키지 않고 코드를 작성하면 "무슨 말인지 몰라서 실행 못하겠어요"라는 반응을 보입니다. 영어 문법에 지친 우리에게 코딩조차 문법을 강요하다니, 갑자기 세상이 아름다워 보이지 않습니다.

하지만 파이썬은 우리에게 편리함을 선물하는 똑똑한 언어입니다. name='c'라고 작성하면 "이 변수는 문자군요!"라고 알아서 이해합니다. name="hello"라고 작성하면 "이 변수는 문자열이군요!"라고

6장. 데이터를 담는 변수

이해합니다. 파이썬이 다른 언어보다 배우기 쉬운 이유가 바로 이런 편리함 때문이랍니다.

✋ **여기서 잠깐!**

파이썬 변수 이름을 지을 때는 아래와 같은 규칙을 사용해요.
① 변수 이름에는 영문 대문자, 소문자, 숫자, -를 사용할 수 있어요.
   예) small2Big, X-position
② 공백을 사용할 수 없고, 변수 이름이 숫자로 시작되서는 안 돼요.
   예) 2start
③ if, else, def 등과 같이 파이썬이 사용하려고 예약한 키워드를 변수 이름
   으로 사용하면 안 돼요.
④ 변수 이름만 보더라도 어떤 데이터가 저장되는지 이해할 수 있도록 이름
   을 지어주는 것이 좋아요.
   예) numOfStudents

집합형 변수
list

여러 개의 값을 담아주는 변수, 리스트

수학 시간에 집합이라는 개념을 배운 적 있지요? 집합은 x={1, 2, 3, 4}와 같이 작성하는데요. 국어사전에는 집합을 "같은 성질을 가진 대상들의 모임"이라고 정의하고 있어요.

x={1, 2, 3, 4}에서 x집합의 원소를 보니 모두 정수형 데이터입니다. y={"2학년 1반", "2학년 2반", "2학년 3반"}이라고 한다면, y집합의 원소는 모두 문자열로 구성되어 있군요. 모두 동일한 성질이 맞는 것 같네요.

프로그램을 만들 때도 동일한 성질의 값을 처리하기 위한 변수가 필요합니다. 코딩에서도 집합처럼 '리스트♦'라는 변수를 제공합니다. 리스트를 통해 한 개의 변수에 여러 개의 값을 담을 수 있어요.

> ♦ 파이썬에서는 집합형 변수를 '리스트'라고 부르지만, 다른 언어에서는 '배열(array)'이라고 불러요.

리스트에 데이터를 저장하려면 다음과 같이 작성하면 됩니다. 코딩에서 '=' 기호는 변수에 데이터를 담을 때 사용한다는 것을 잊지 않았죠?

my_expression = ["Joy", "Hope", "Love", "Angry"]

변수의 이름은 my_expression이고, 기분을 표현하는 4개의 단어 (Joy, Hope, Love, Angry)를 이 리스트 변수에 담았어요. 하루를 지내다 보면 기분이 좋을때도 있고(Joy), 희망에 부풀기도 하고(Hope), 사랑에 빠져 있기도 하잖아요(Love). 물론 화가 날 때도 있죠(Angry). 이러한 단어들을 담기 위해 리스트형 변수를 사용한 거예요.

리스트는 아래 그림처럼 여러 개의 카트가 연결된 전동차와 같아요. 전동차를 부릉부릉 움직이면 차에 연결된 카트도 같이 움직입니다. my_expression을 사용하는 곳마다 4개의 데이터가 따라 다닌답니다.

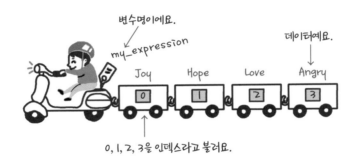

자, 이제 리스트를 이용하는 방법을 배워볼까요? my_expression 리스트에 4가지 값이 들어 있어요. 컴퓨터는 0부터 시작합니다. 그래서 리스트의 첫 번째 위치는 0이 됩니다. my_expression[0]이라고 하면 변수에서 Joy를 가져옵니다. my_expression[1]이라고 하면 Hope를 가져오고요.

한번 print( ) 함수를 사용해 리스트가 어떻게 동작하는지 볼까요? 파이썬 셀을 실행하니 >>> 표시가 나오며 입력을 기다리고 있어요.

"저에게 코드를 입력해주세요"라는 의미입니다.

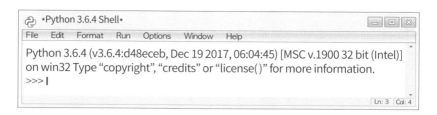

그래서 아래와 같이 코드를 입력하고 엔터키를 누릅니다. 이 코드
는 "my_expression 리스트에서 첫 번째 값을 출력해주세요"라는 의
미입니다.

```
>>> print(my_expression[0])
```

이 코드가 실행되면 Joy라는 글자를 화면에 출력해줍니다.

쉬어가는 퀴즈
- - - - - - -

my_expression에 4번째 값인 Angry를 화면에 출력할 수 있도록
코드를 작성해보세요.

정답)

```
my_expression = ["Joy", "Hope", "Love", "Angry"]
print(my_expression[3])
```

여러 가지 데이터형을 담을 수 있는 마음 넓은 리스트 변수

문득 이런 생각이 떠오릅니다. '리스트에 꼭 같은 유형만 넣는 것이 아니라 다른 유형의 데이터도 넣으면 좋을 텐데.' 예를 들어 1학년 1반을 설명하는 리스트에는 학생수, 선생님 성함, 교실 위치, 대표 이름, 학생 평균키 등 여러 유형의 데이터를 넣어야 하는 상황이 있을 수 있거든요.

이런 다양한 상황을 위해 파이썬에서는 아래와 같이 여러 가지 데이터 유형을 담을 수 있는 리스트(list)를 지원하고 있어요.

my_class = [20, "박나래 선생님", "2층", "정서아", 150.3]

이 코드를 보면 my_class 리스트에는 정수형과 문자형, 실수형의 데이터들이 들어가 있어요. 이렇게 리스트(list)는 내가 원하는 형태로 다양한 데이터를 변수에 담을 수 있답니다.

'당연한 거 아닌가요?'라고 생각하시는 분이 있는 것 같군요. 그런 생각도 좋은 생각이에요. 하지만 컴퓨터는 사람처럼 이렇게 다양한 부분까지 알아서 척척 이해하지는 못한답니다. 이런 리스트를 이해하고 처리할 수 있다는 것은 이미 이와 관련된 모듈이 준비되어 있기에 가능한 것이지요.

사전형 변수
dict

'사전형 변수'는 국어사전과 같은 형태로 데이터를 담는 변수입니다. 사전형 변수에는 키(key)와 값(value)이 한쌍으로 저장되는데요. 이 변수는 dictionary의 앞부분을 뽑아 'dict'라고 불러요. 아래 〈코딩 개념 사전〉 그림을 보면 용어와 설명이 있어요. 여기서 용어가 사전형 변수의 '키(key)'에 해당되고, 설명이 '값(value)'에 해당됩니다.

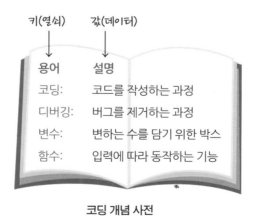

코딩 개념 사전

사전형 변수를 코드로 작성하면 다음과 같아요. 변수에서 키(key)와 값(value)을 한쌍으로 만들어주면 됩니다. 예를 들어 '코딩' : '코드를 작성하는 과정'이라고 작성하면 키와 값이 짝꿍이 되는 거예요.

변수 이름 = { 키 : 값 , 키 : 값, 키 : 값 , 키 : 값 }

coding_dict = {'코딩' : '코드를 작성하는 과정',
　　　　　　　'디버깅' : '버그를 제거하는 과정',
　　　　　　　'변수' : '변하는 수를 담기 위한 박스',
　　　　　　　'함수' : '입력에 따라 동작하는 기능'}

사전형 데이터를 사용하는 방법을 소개해드릴게요. 사전형 데이터에는 키(key)가 있습니다. 이 키는 사전에서 내가 원하는 설명을 찾기 위한 열쇠랍니다. '코딩' 열쇠를 사전에 꽂으면 코딩 설명이 툭 튀어나오고, '디버깅' 열쇠를 꽂으면 디버깅 설명이 튀어나옵니다.

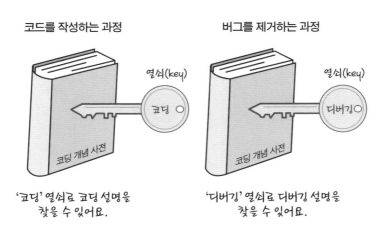

'변수명[키]'와 같이 코드를 작성해주면 키에 해당하는 값이 결과로 나옵니다. 예를 들어 coding_dict['코딩']이라고 입력하면 '코딩'에 대한 값인 '코드를 작성하는 과정'이 결과로 나옵니다.

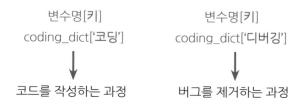

자료형 메소드
Data type method

프로그램에서 데이터는 우리 몸의 혈액과 같은 역할을 할 만큼 아주 중요하답니다. 인터넷 뉴스를 클릭하면 수많은 데이터가 인터넷 관을 통해 흐르게 되고, 웹 페이지에서 입력한 내용이 처리되어 서버 컴퓨터의 하드디스크에 저장됩니다. 하드디스크의 데이터를 꺼내 모니터로 동영상을 보여주기도 하지요. 이렇게 데이터가 중요하기 때문에 코딩에서는 데이터 형식에 따라 다양한 메소드를 제공하고 있답니다.

코딩에서 사용하는 데이터 형식도 다양한데요. 정수형, 실수형, 문자형, 리스트형 등 여러 가지 데이터형이 있습니다. 이들 데이터형(자료형)을 체계적으로 사용하기 위해 객체처럼 사용하도록 만들어졌어요. 객체에는 여러 가지 유용한 메소드를 제공하는데요. 데이터형마다 각기 다른 메소드를 제공합니다.◆ 여기서는 문자형과 리스트형 메소드를 살펴보겠습니다.

◆ '객체'와 '메소드'는 11장에서 설명합니다.

문자형 변수를 위한 특별한 메소드

가장 많이 사용하는 메소드는 문자형 메소드인데요. 이들 메소드는 데이터를 쪼개고 합치고 변경하기 위한 메소드를 제공합니다. 그럼 이제부터 문자형 객체의 메소드를 알아봅시다.

아래와 같이 변수를 정의하면 문자형 객체가 탄생합니다.

여러분~ 문자열 객체가 탄생했어요!
↓
message = 'I Love You'

그러면 문자형 객체의 메소드를 사용할 수 있는데요. 예를 들어 lower( ), partition( ), replace( ), upper( ) 등의 메소드가 있어요. 사용 방법은 '변수명.메소드명'이라고 작성하면 돼요.

변수명.메소드명
↓   ↓
message.lower( )

lower는 '낮추다'라는 의미인데요. 문자열을 모두 소문자로 바꿔주는 메소드예요. message.lower( )를 실행하면 'I Love You'가 'i love you'로 변경돼요.

I Love You	소문자로 바꿔주세요.	i love you
message	message.lower( )	message
변수	문자형 객체의 메소드	변수

파이썬 셀에서 이 코드를 실행한 모습입니다.

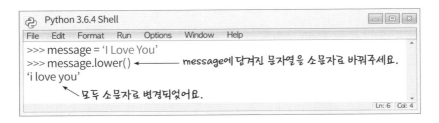

문자열에서 단어를 바꾸고 싶다면 replace( ) 메소드를 이용할 수 있어요. replace는 '바꾸다'라는 의미인데요. message.replace('Love', 'Hate')와 같이 코드를 작성하면 name 변수의 문자열(I Love You)에서 Love를 Hate로 변경할 수 있어요.

message.replace('Love', 'Hate')

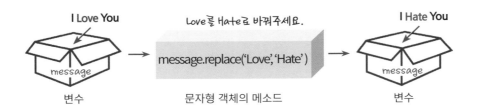

쉬어가는 퀴즈
- - - - - - -

name 변수에 담긴 문자를 모두 대문자로 바꾸는 코드를 작성해보세요. name 변수에는 'Jane'이 담겨 있어요.
(힌트: 대문자로 바꾸는 메소드는 upper( )입니다.)

정답)

name = 'Jane'

name.upper( )

리스트 변수를 위한 특별한 메소드

리스트 변수에 데이터를 추가하거나, 삭제할 일이 생기는데요. 이런 변수를 위한 메소드가 준비되어 있어요. 변수를 위해 특별히 제공된 메소드를 사용하려면 '변수명.메소드명'으로 작성하면 돼요. 코딩의 세계에서는 점(.)이 중요한 의미를 가집니다.

리스트에 데이터를 추가하는 메소드가 있습니다. 그 이름이 바로 append( )입니다. append는 '덧붙이다', '첨부하다'라는 뜻으로, append("Happy")라고 작성하면 리스트 끝에 Happy를 추가해줍니다.

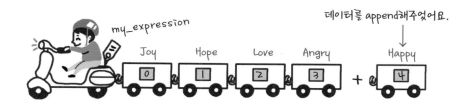

리스트에서 데이터를 삭제하고 싶으면 remove( ) 메소드를 사용하면 되는데요. my_expression.remove("Love")라고 작성하면 리스트에서 Love를 삭제해주고요. 중간에 데이터가 삭제되어 인덱스가 1씩 감소됩니다. Angry의 인덱스는 2가 되고요. Happy의 인덱스는 3이 됩니다.

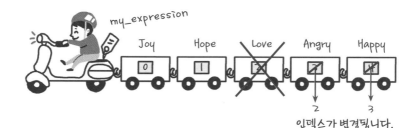

my_expression.remove("Love")

변수명.메소드명

리스트에서 데이터를 삭제하는 메소드예요.
remove는 '삭제하다'라는 뜻이에요.

코딩을 통해서 문제 해결 능력을 키우자!

자, 그럼 이제부터 탐구 정신을 발휘해 이것저것 해봅시다.

우선, my_expression=["Joy", "Hope", "Love", "Angry"]를 입력하여 변수를 선언합니다. 'my_expression에서 4번째 데이터를 프린트해주세요'라는 의미로 print(my_expression[4])라고 입력하면 파이썬은 어떤 반응을 보일까요?

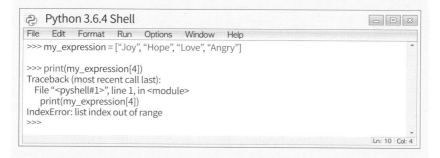

으아! 갑자기 에러 메시지를 보여줍니다. 어디서 잘못했는지 알겠습니다.

print(my_expression[4])라는 위치에서 오류가 발생한 것 같은데요. 맨 아래 줄을 보니 인덱스 오류("IndexError")라고 알려주네요. 이유로 "이 봐! 인덱스가 범위 밖에 있잖아!(list index out of range)"라고 말해줍니다. 아하! 리스트 변수에는 4번째 데이터가 없는데 이것을 출력하라고 하니 오류가 난 것이군요.

Traceback (most recent call last):

File "<pyshell#1>", line 1, in <module>

print(my_expression[4])

IndexError: list index out of range

이렇게 오류의 원인을 찾는 과정이 바로 '디버깅'이에요. 오류가 어디서 발생했는지 원인을 찾고 코드가 올바르게 동작하도록 오류를 고치는 과정을 말하지요.

파이썬 셸에 아래와 같이 입력했더니 또 오류 메시지가 나타납니다. 이번엔 또 무엇을 잘못했을까요?

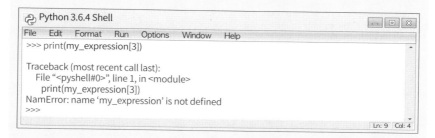

오류 메시지를 보니 "NameError"라며 이름에 오류가 있다고 합니다. 이유로 "name 'my_expression' is not defined"라고 쓰여 있습니다. "my_expression이 정의되어 있지 않았네요!"라고 알려주는 거죠.

아하! 코드를 보니 'my_expression'을 정의하는 코드를 빼먹었네요.

my_expression=["Joy", "Hope", "Love", "Angry"]를 빼먹고 my_expression 변수를 사용하려고 하니 오류가 발생한 거였어요.

Traceback (most recent call last):

File "<pyshell#0>", line 1, in <module>

print(my_expression[3])

NamError: name 'my_expression' is not defined

아하! 디버깅을 통해 하나 배웠습니다.

print(my_expression[0])과 같이 변수를 사용하기 전에 반드시 정의해줘야 한다는 사실을요.

7장

내가 부자라면,
if문

만약 부자라면 얼마나 좋을까요? '내가 부자라면, 당장
차를 사겠어요.' 이런 생각을 표현하는 문장이 조건문입
니다. '~라면', '~한다면'처럼 조건에 따라 서로 다른 코
드가 실행되어야 할 때, 조건문인 if를 사용하면 됩니다.

참과 거짓
True vs False

O, X 퀴즈를 내볼 테니 한번 맞춰보세요. 다음 문장을 잘 읽고 맞으면 O, 틀리면 X라고 답변해보세요.

퀴즈: 세종대왕은 맹인이었다.

이 문장이 맞는 말일까요? 틀린 말일까요? 세종대왕은 한글을 만든 왕인데, 앞이 안 보이는 맹인이었다고요? 흠, 글쎄요. 답변하기 어려운데요. 어찌됐든 이 말이 맞다면 '참(True)'이 되고, 틀리면 '거짓(False)'이 되겠지요.

일상에서 참과 거짓을 판단할 때가 종종 있는데요. 코딩을 할 때도 참과 거짓을 판단하는 코드를 자주 작성합니다. 참과 거짓을 사용하는 코드로는 if, elif, while 등이 있어요.

만약 ~이라면
if

사람들이 OX 퀴즈를 맞히면 "퀴즈를 맞혔습니다"라고 알려주는 프로그램을 만들어봅시다. 코딩에서 '~라면'이라는 문장을 코드로 작성하고 싶다면 if로 시작하는 'if문'을 사용하면 됩니다.

아래 내용을 코드로 작성해볼까요?

---

① OX 퀴즈에서 O라고 답변하면,

   "퀴즈를 맞혔습니다. 짝짝짝"이라고 출력해주세요.

② X라고 답변하면

   "땡! 틀렸습니다. 약오르지롱"이라고 출력해주세요.

---

①번부터 해볼까요? "O라고 답변하면"에서 '~면'이라는 표현이 있네요. 아하! if문을 사용하면 되겠군요. "퀴즈를 맞혔습니다. 짝짝짝"이라고 출력하려면 print( ) 함수를 사용하면 됩니다.

```
if answer == "O" :
    print("퀴즈를 맞혔습니다. 짝짝짝")
```

if문 아래의 문장들을 하나의 블록으로 묶기 위해 :(콜론)을 사용하고 if answer=="O": 아래 코드는 들여쓰기를 해줘야 해요.

```
if answer == "O" :
    print("퀴즈를 맞혔습니다. 짝짝짝")
    print("두 번째 짝짝짝")
    print("세 번째 짝짝짝")
```

if문 아래에 들여쓰기가 되어 있지요? if문이 '참'일 때 실행되는 코드 블록이에요.

코딩의 세계에서는 '='와 '=='가 전혀 다른 의미를 가진답니다. answer="O"라고 작성하면 'answer라는 변수에 O를 담아줘'라는 뜻이지만, answer=="O"라고 작성하면 'answer 변수가 O와 같다'라는 뜻을 가집니다. 여기에 if를 붙여 if answer=="O"라고 작성하면 'answer 변수가 O와 같다면'이라는 의미를 가지지요.

```
answer = "O"
```
변수를 정의하는 코드예요. 변수에 값을 넣을 때는 =를 사용해요.

```
if answer == "O" :
    print("퀴즈를 맞혔습니다. 짝짝짝")
```
answer 변수가 "O"인지 비교하는 코드예요. 비교할 때는 ==를 사용해요. 비교 결과가 참이면 들여쓰기가 된 코드가 실행되고, 참이 아니면 실행되지 않아요.

그럼, ②번을 코드로 작성해볼까요? 여기에서도 '~라면'의 표현이 있으니 if문을 사용하면 되겠네요. 다음처럼요.

```
if answer == "X":

    print("땡! 틀렸습니다. 약오르지롱")
```

지금까지 작성한 코드를 묶어보면 다음과 같아요.

```
if answer == "O" :

    print("퀴즈를 맞혔습니다. 짝짝짝")

if answer == "X":

    print("땡! 틀렸습니다. 약오르지롱")
```

코딩을 통해서 문제 해결 능력을 키우자!

아래와 같이 코드를 작성하고 Run Module을 실행하면 오류 메시지가 출력됩니다.

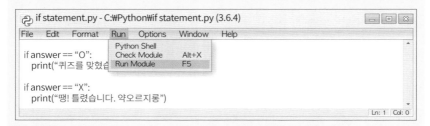

다음은 오류 메시지가 출력된 모습입니다. 왜 오류가 발생할까요?

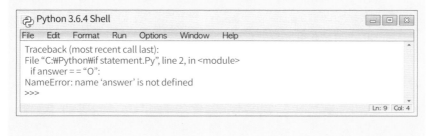

오류 메시지를 보니, 영어로 된 설명이 있어요. 메시지 line2라고 오류의 위치를 알려줍니다. 소스 코드 두 번째 줄에서 오류가 났나 봅니다. 또한 "이름 오류: answer 변수 이름을 정의도 안 하고 사용하면 어떡해요!"라고 말해주네요.

Traceback (most recent call last):   소스 코드의 2번째 줄에서 오류가 났나 보네요.
File "C:₩Python₩ifstatement.Py", line 2, in <module>
  if answer == "O":
NameError: name 'answer' is not defined
          아하! answer가 정의되어 있지 않아 오류가 발생한 거네요.

if answer=="O" 문장 앞에 answer라는 변수를 정의하지 않았네요. 변수 사용 전에는 반드시 정의를 해줘야 하는데, 깜박했습니다.

자, 이런 게 바로 디버깅입니다. 오류의 원인을 찾고 해결하는 과정을 뜻하죠. 그럼, if answer=="O"를 사용하기 전에 변수를 정의해볼까요?

answer="O"를 추가했습니다.

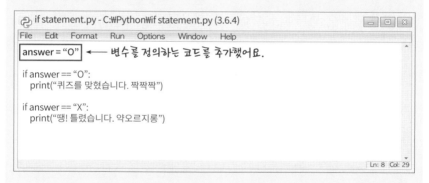

오류를 해결했으니 코드를 실행해볼까요? 짠! 다음과 같은 결과가 나타납니다.

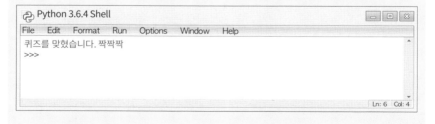

7장. 내가 부자라면, if문

또 다른 if
elif

여러 개의 조건을 비교하는 문장을 사용할 때는 아래와 같이 if문을 여러 번 쓰기보다 if, elif, else를 사용합니다. elif는 else if의 준말로 '또 다른 if'를 말해요.

answer = "O"	answer 변수에 "O"를 넣었어요. 이것을 변수 선언이라고 해요.
if answer == "O": print("퀴즈를 맞혔습니다. 짝짝짝")	answer에는 "O"가 들어 있으니, 왼쪽 코드는 if "O"=="O"로 바꿀 수 있어요. "O"=="O"는 참일까요? 거짓일까요? 참입니다. if문이 참이 되니 들여쓰기가 된 코드가 실행됩니다.
if answer == "X": print("땡! 틀렸습니다")	왼쪽 코드는 if "O" == "X"로 바꿀 수 있어요. "O"=="X"는 참일까요? 거짓일까요? 거짓입니다. if문이 거짓이 되니 들여쓰기가 된 코드는 실행이 되지 않습니다.

그럼, 코드를 고쳐서 다시 실행해볼게요. 두 번째 if를 elif로 바꾸고, answer를 "X"로 바꿔보겠습니다.

```
answer = "X"

if answer == "O" :
    print("퀴즈를 맞혔습니다. 짝짝짝")
elif answer == "X":
    print("땡! 틀렸습니다. 약오르지롱")
```

그러면 결과가 어떻게 나올까요? 이제는 "땡! 틀렸습니다. 약오르지롱"이 출력되네요.

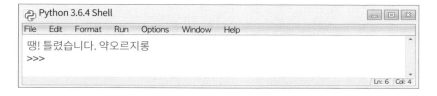

7장. 내가 부자라면, if문

왜 이번에는 "퀴즈를 맞혔습니다. 짝짝짝"이라는 결과가 나오지 않았을까요? 그 이유는 answer에 X가 담겨 있기 때문이에요.

if answer=="O"에서 if문의 조건식이 "X"=="O"가 되므로 거짓(False)이 됩니다. 그래서 if문 아래 코드가 실행되지 않았어요. elif문의 경우를 보겠습니다. elif문의 조건식은 "X"=="X"이 되므로 참(True)이 되어 elif문 아래 코드가 실행된 거예요.

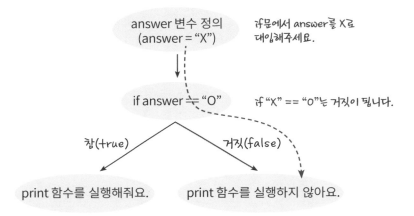

코드 첫 줄에서 answer 변수의 값을 미리 정해줬는데요. 이번에는 사용자가 입력하는 값을 받아서 변수를 정해볼까요? 사용자의 입력을 받기 위해서 input( ) 함수를 사용하겠습니다.

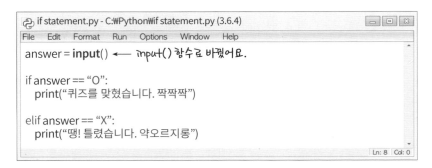

Run Module을 실행하니 다음과 같은 창이 나타납니다. 그리고 사용자의 입력을 받기 위해 커서가 깜박거립니다.

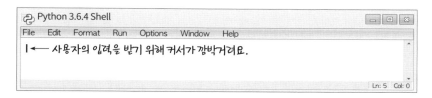

이 창에서 O를 입력하니, if answer=="O"가 참(True)이 되어 "퀴즈를 맞혔습니다. 짝짝짝"이라고 출력되네요.

그런데 뭔가 안내 멘트가 있으면 좋을 것 같아요. input( ) 함수에 질문하는 문장을 추가해보겠습니다.

input( ) 함수의 괄호 안에 "세종대왕은 맹인이었습니다. 맞으면 O, 틀리면 X를 입력하세요:"를 추가했어요.

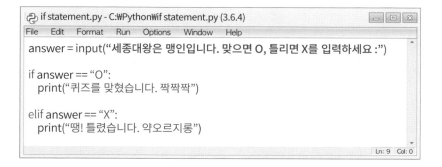

그런 다음 Run Module을 실행하면 아래와 같이 멋진 안내 멘트가 나옵니다. 점점 프로그램이 마음에 드네요.

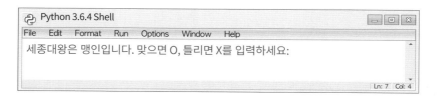

그 밖에
else

앞에서 작성한 코드를 실행할 때 Z를 입력하면 어떻게 될까요? Z를 입력하니, 아무것도 출력되지 않고 끝나버리네요.

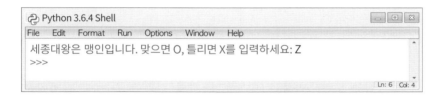

왜 그럴까요? if문과 elif문이 모두 거짓(False)이 되니 들여쓰기한 코드가 모두 실행되지 않았네요. 왜 이렇게 된 것일까요?

앞에서 작성한 코드는 132쪽 그림의 점선처럼 실행됩니다.

if answer=="O"가 거짓(False)이 되어 print( ) 함수가 실행되지 않고, 바로 elif문으로 넘어갑니다(132쪽 그림의 ①번). elif answer=="X" 도 거짓(False)이 되어 print( ) 함수가 실행되지 않고 끝나버린 거예요 (②번).

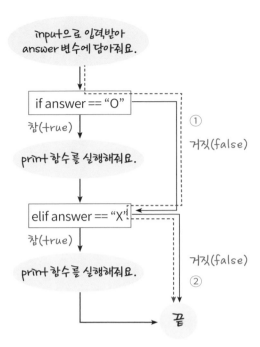

input으로 입력받아
answer 변수에 담아줘요.

if answer == "O"

참(true)

거짓(false) ①

print 함수를 실행해줘요.

elif answer == "X"

참(true)

거짓(false) ②

print 함수를 실행해줘요.

끝

흠, 사용자가 엉뚱한 값을 입력할 수도 있으니, 잘못 입력하면 오류 메시지를 보여줘야겠네요. 엉뚱한 값을 입력하면 "잘못 입력하셨어요. O와 X만 입력해주세요"라고 오류 메시지를 출력해주고 싶은데요. 어떻게 하면 좋을까요? 이럴 때 else를 사용할 수 있어요. else는 if와 elif 조건문이 모두 거짓(False)일 경우 실행되는 최후의 전사 같은 코드입니다.

맨 아래 줄에 else문을 추가하고 Run Module을 실행해볼게요.

```
else :
  print("잘못 입력하셨어요. O와 X만 입력해주세요")
```

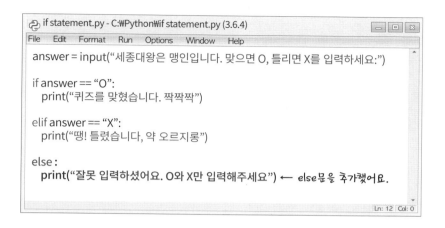

```
if statement.py - C:\Python\if statement.py (3.6.4)
File   Edit   Format   Run   Options   Window   Help
answer = input("세종대왕은 맹인입니다. 맞으면 O, 틀리면 X를 입력하세요:")

if answer == "O":
    print("퀴즈를 맞혔습니다. 짝짝짝")

elif answer == "X":
    print("땡! 틀렸습니다, 약 오르지롱")

else :
    print("잘못 입력하셨어요. O와 X만 입력해주세요")    ← else문을 추가했어요.
                                                            Ln: 12  Col: 0
```

전과 동일하게 Z를 입력하니, 이번에는 '잘못 입력하셨어요. O와
X만 입력해주세요'라는 메시지가 출력되네요. 이제 점점 프로그램다
워지네요. 멋집니다. 짝짝짝!

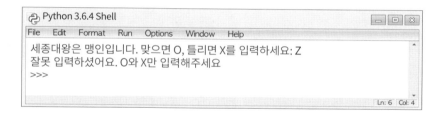

```
Python 3.6.4 Shell
File   Edit   Format   Run   Options   Window   Help
세종대왕은 맹인입니다. 맞으면 O, 틀리면 X를 입력하세요: Z
잘못 입력하셨어요. O와 X만 입력해주세요
>>>
                                                            Ln: 6  Col: 4
```

🖐 여기서 잠깐!

두 값을 비교하는 연산자(<, >, =>, <= 등)는 수학에서나 코딩에서나 거의
비슷합니다. 다만 일부 다른 부분이 있는데요. 바로 '!='와 '=='입니다. 이
기호들은 코딩에서만 사용하는 비교 연산자로 '!='는 '~와 같지 않다'라는
의미이고, '=='는 '~와 같다'라는 의미입니다. if(num!=1)이라고 작성하면
'num 변수에 저장된 값이 1과 같지 않으면'이라는 뜻입니다.

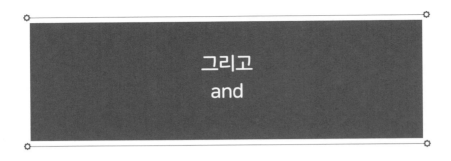

그리고
and

if문에서 anwser=="O"을 조건식이라고 해요. 조건식을 두 개 사용해야 할 경우가 있는데요. 이 경우를 살펴보려고 합니다.

if answer == "O" :
↖ '조건식'이라고 불러요.

OX 퀴즈에서 답을 O로 정하고 가장 먼저 답변한 사람에게 우수상을 주려고 해요. 그럴 때 조건식을 두 개 작성해야 해요. 이걸 슈도 코드로 작성해볼까요?

답변이 O이고, 가장 빨리 답변하면
'축하합니다. 우승했습니다.'라고 출력

슈도 코드

이것을 코드로 작성하려면 어떻게 해야 할까요? "답변이 O이고, 가장 빨리 답변하면"에서 두 문장이 '이고'로 연결되네요. 이럴 땐 코딩에서도 'and'를 사용해요.

슈도 코드	파이썬 코드
답변이 O이고, 가장 빨리 답변하면 '축하합니다. 우승했습니다.'라고 출력	if answer == "O" and rank == 1 : print("축하합니다. 우승했습니다.")

이 조건식은 두 개의 조건식이 모두 참이어야, 전체 조건식이 참 (True)이 됩니다.

첫 번째 조건식이 참이고,
두 번째 조건식도 참이면 전체 조건식이 참이 돼요.

한 개라도 거짓(False)이면 전체 조건식을 거짓(False)으로 판단하니 참 까칠합니다. "반드시 두 조건식 모두 참(True)이어야 전체 조건식을 참(True)으로 인정해줄 수 있어!"라고 말하는 듯합니다. 까칠한 and의 방식을 표로 정리하면 다음과 같아요.

and로 결합된 전체 조건식 처리방식

첫 번째 조건식	두 번째 조건식	전체 조건식
False	False	False
False	True	False
True	False	False
True	True	True

쉬어가는 퀴즈
- - - - - - -

코드가 아래와 같이 작성되었다면 if문의 전체 조건식은 참(True)일까요? 거짓(False)일까요?

```
answer="0"
rank=2
if answer=="0" and rank==1:
    print("전체 조건식이 참일 때 출력됩니다")
```

정답)
거짓입니다. 첫 번째 조건식 answer=="0"는 참이 되지만,
두 번째 조건식 rank==1은 거짓이 되기 때문에
전체 조건식은 거짓이 됩니다.

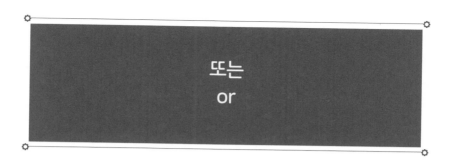

또는
or

또 다른 프로그램을 만들어보려고 해요. 이 프로그램을 만든 속사정은 이렇습니다. 내가 청소를 하거나 설거지를 하면 엄마가 1,000원을 용돈으로 주시겠다고 합니다. 이런 상황을 어떻게 코드로 만들까요? 일단 슈도 코드로 만들어볼까요?

슈도 코드

> 내가 청소를 하거나, 설거지를 하면
> "용돈 1,000원 받았어요!"라고 출력

"내가 청소를 하거나, 설거지를 하면"이라는 문장에서 '하거나'라는 단어가 포착됩니다. 이 단어는 'or'의 의미인데요. 코딩을 할 때도 or를 사용해 두 개의 조건식을 연결해줍니다.

그럼 코드를 작성해볼까요?

파이썬 코드

```
if cleanRoom == "YES" or washDish == "YES"
    print("용돈 1,000원 받았어요!")
```

or는 두 조건식 중 한 개만 참(True)이 되어도 전체 조건식이 참 (True)이 되는 마음 넉넉한 녀석입니다.

첫 번째 조건식   두 번째 조건식

if cleanRoom = = "YES" or washDish = = "YES":

↖ 전체 조건식

첫 번째나 두 번째 조건식 둘 중 하나만 참이 되면 전체 조건식이 참이 돼요.

"그래, 조건을 모두 만족시키기 힘들지? 두 개 조건식 중에 한 개 만 참(True)이 되어도 전체 조건식을 참(True)으로 인정해줄게"라고 말하는 목소리가 들립니다. 훈훈한 or의 방식을 표로 정리하면 다음 과 같아요.

or로 결합된 전체 조건식 처리방식

첫 번째 조건식	두 번째 조건식	전체 조건식
False	False	False
False	True	True
True	False	True
True	True	True

그럼, 실제 어떻게 동작하는지 한번 볼까요? cleanRoom 변수를 YES로 정의하고, washDish 변수를 NO라고 정의했어요. 즉 청소만 하고 설거지는 안 한 거예요.

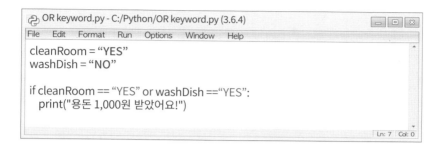

이 코드에서 첫 번째 조건식 cleanRoom=="YES"는 참(True)이지만 두 번째 조건식 washDish=="YES"는 거짓(False)이 됩니다. 두 조건식을 이어주는 or가 있어서 둘 중 하나만 참(True)이어도 전체 조건식은 참(True)이 됩니다.

프로그램을 실행해보니 if문의 전체 조건식이 참이 되어 print( ) 함수가 실행되었어요.

코딩을 통해서 문제 해결 능력을 키우자!

이제부터 탐구정신을 발휘해 이것저것 해보겠습니다.

만약 청소도 안 하고, 설거지도 안 했습니다. 그러면 당연히 용돈을 못 받아야 하겠죠? 한번 변수를 바꿔볼까요?

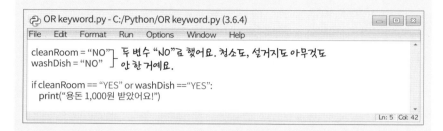

프로그램을 실행하니 아래와 같이 나옵니다. 엥? 아무것도 안 나오네요.

이럴 때 사용하는 녀석이 else입니다. else문은 if문과 elif문이 모두 거짓일 때 실행되는 최후의 전사 같은 코드라고 말씀드렸죠.

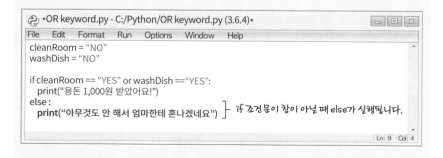

else문을 추가하고 프로그램을 실행하니, 이제는 '아무것도 안 해서 엄마한테 혼나겠어요'라는 메시지가 출력됩니다.

그런데 갑자기 딸이 엄마에게 항의합니다. "저는 청소도 하고, 설거지도 했는데, 왜 1,000원만 주시는 거예요?" 아! 딸이 왜 그런 말을 하는지 알겠습니다. 코드를 보니 정말 그렇네요.

cleanRoom과 washDish를 YES로 변경하고 프로그램을 실행해보니 "용돈 1,000원 받았어요"라고 출력해줍니다.

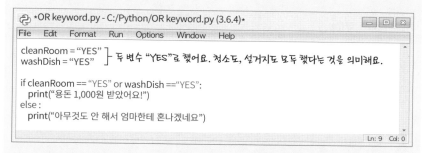

딸의 주장이 맞는 것 같아요. 엄마를 더 많이 도와드리면 용돈을 더 받아야 하는 거잖아요. 그래서 두 가지를 다 하면 용돈 2,000원을 받는다는 코드를 아래와 같이 추가했습니다.

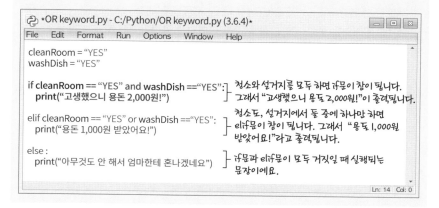

한번 프로그램을 테스트해볼까요? cleanRoom과 washDish를 모두 YES로 했더니 2,000원을 받을 수 있다는 결과가 나왔네요.

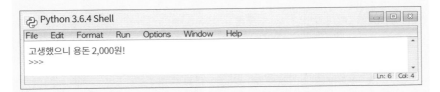

만약 cleanRoom을 Yes로, washDish를 No로 하면 어떻게 될까요? 1,000원의 결과가 나옵니다.

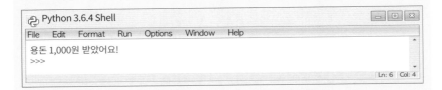

모두 다 No로 하면 어떻게 될까요? 엄마한테 혼나지 않을까요?

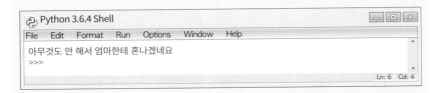

이제 내가 만든 코딩이 어떻게 동작하는지 조금은 이해가 가지요? 코딩은 단순히 명령어를 입력하는 과정이 아니라 이것저것 머리를 굴려가면서 코드를 작성하는 과정이에요.

8장

난 당신을
무한루프로
사랑할 거예요,
while(1)

'안녕하세요'라고 10번을 출력하고 싶으면 코드를 10줄 작성하면 됩니다. 하지만 이렇게 동일한 코드를 작성하는 것은 그리 멋져 보이지 않네요. 코딩에서는 이런 반복적인 작업을 위해 for문이나 while 문을 제공하고 있어요.

```
print("안녕하세요")
print("안녕하세요")
print("안녕하세요")
print("안녕하세요")
print("안녕하세요")
print("안녕하세요")
print("안녕하세요")
print("안녕하세요")
print("안녕하세요")
print("안녕하세요")
```

for와 while은 '~하는 동안'의 뜻을 가진 영어 단어인데요. 영어 문법처럼 코딩에서도 for와 while의 쓰임새가 다르답니다. while문은 while(num<10)과 같이 작성해요. num이 10보다 작을 때까지 while문 안에 있는 코드를 반복해 실행하라는 의미이지요.

num = 0 while(num<10): 　　print("안녕하세요") 　　num = num + 1	num 변수에 0을 넣어줘 num 변수가 10보다 작을 때까지 아래 코드를 실행 　"안녕하세요"라고 출력 　num에 1을 더하기

num=0이라고 작성하면 'num 변수에 0을 담아주세요'라는 의미예요. 현재 num이 0이니 while(num<10)가 while(0<10)로 처리되는데요. 0은 10보다 작으므로 while문이 참(True)이 됩니다. while문이 참이면 while문 아래 코드를 실행합니다.

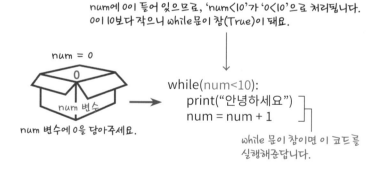

num에 0이 들어 있으므로, 'num<10'가 '0<10'으로 처리됩니다.
0이 10보다 작으니 while문이 참(True)이 돼요.

num = 0

num 변수

num 변수에 0을 담아주세요.

while(num<10):
　print("안녕하세요")
　num = num + 1

while 문이 참이면 이 코드를
실행해준답니다.

while문 영향권 아래에 놓인 print( ) 함수가 실행되면 모니터에 '안녕하세요'를 실행해줍니다. num=num+1을 실행하면 num 변수의 값에 1이 더해집니다.

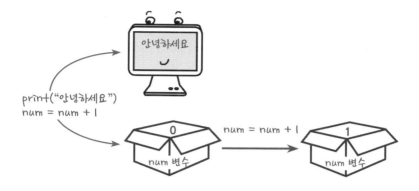

while문은 조건식(num<10)이 거짓(False)이 될 때까지 num=num+1의 코드를 매번 실행해줍니다. 즉 while문이 참이 될 때마다 변수에 숫자가 1씩 올라갑니다.

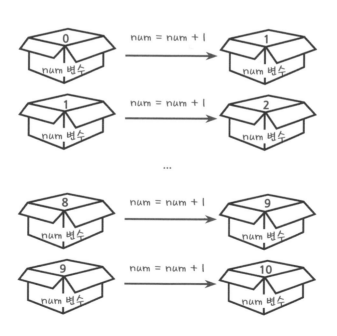

num이 10이 되면 while(num<10)가 while(10<10)으로 처리되고요. 10<10은 거짓이 되기 때문에 while문을 탈출합니다.

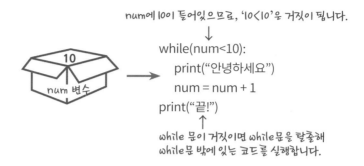

num에 10이 들어있으므로, '10<10'은 거짓이 됩니다.
↓
```
while(num<10):
    print("안녕하세요")
    num = num + 1
print("끝!")
```
↑
while 문이 거짓이면 while문을 탈출해 while문 밖에 있는 코드를 실행합니다.

이 코드를 실행하면 다음의 결과가 출력됩니다.

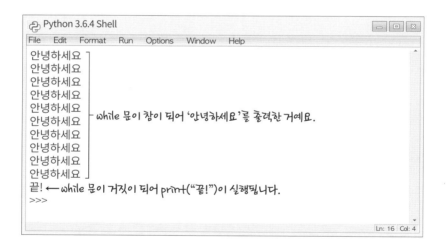

무한루프
while(1)

　'무한' 하면 왠지 〈무한도전〉이 생각납니다. '무한(infinite)'은 한계가 없다는 뜻으로 코딩에서 끝없이 실행될 때 사용하는 말이에요. while( )에서 괄호 조건식이 참이면 while문의 코드 블록이 실행되는데요. 컴퓨터에서 1은 참이고, 0은 거짓이기 때문에 while(1)과 같이 작성하면 while문이 항상 참이 됩니다. 그래서 while(1)이라고 작성하면 while문의 코드가 루프처럼 끝없이 실행됩니다. 우리 코딩의 세계에서는 while(1)을 '무한루프'라고 합니다.

◆ 파이썬에서는 참을 'True'로 작성하고, 거짓을 'False'로 작성할 수 있어요. while(True)라고 작성하면 무한루프가 실행되는 거예요. while(False)이라고 하면요? 영원히 실행되지 않는 코드이니 이렇게 작성하지 않아요.

```
while(1):
    print("안녕하세요")
    num = num + 1
```

while문이 루프처럼 끝없이 실행되어 '무한루프'라고 해요.

　컴공과 대학생이 여자 친구에게 "난 당신을 무한루프로 사랑할 거

예요!"라고 고백합니다. 왠지 전문가스러워 보이긴 하지만, 갑자기 한
대 맞을 것만 같은 두려움이 몰려옵니다. 아직까지 사랑은 IT와 통하
기 어려운 듯합니다. 고백할 때는 문학적인 표현을 사용하세요!

무한루프가 있는 코드를 실행하면 아래같이 print( ) 함수가 영원히
실행됩니다. 그래서 무한루프를 중단하고 싶다면 Ctrl과 C 키를 눌러줘
야 해요. 그러면 붉은색으로 'Keyboard Interrupt'라는 오류 메시지가
출력됩니다. 해석하자면 '키보드로 저지당했어요!'라는 의미예요.

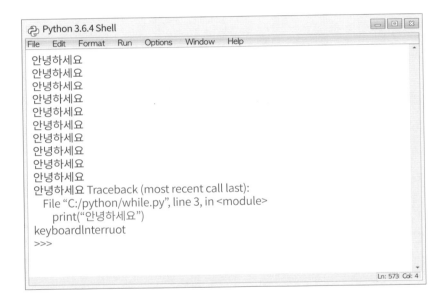

~하는 동안에
for

패턴1 : for 변수 in range(숫자)

for와 while은 동일한 의미를 가진 단어지만, 코딩 문법은 다르답니다. for문은 in range(숫자)와 함께 사용해요. in range는 '~범위 이내에'라는 의미를 가지는데요. in range(5)는 '5 이내에'라는 뜻입니다.

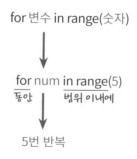

for num in rage(5)라고 작성하면 num이 0부터 시작해 4가 될 때까지 for문을 실행해주는데요. for문을 5번 반복 실행한 후 멈춥니다.

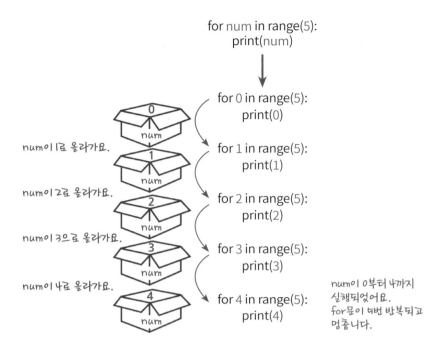

```
for num in range(5):
    print(num)
```

```
for 0 in range(5):
    print(0)
```
num이 1로 올라가요.

```
for 1 in range(5):
    print(1)
```
num이 2로 올라가요.

```
for 2 in range(5):
    print(2)
```
num이 3으로 올라가요.

```
for 3 in range(5):
    print(3)
```
num이 4로 올라가요.

```
for 4 in range(5):
    print(4)
```
num이 0부터 4까지 실행되었어요. for문이 5번 반복되고 멈춥니다.

컴퓨터는 0부터 숫자를 카운트하기 때문에 range(5)라고 작성하면 범위가 0, 1, 2, 3, 4가 됩니다. for num in range(0, 6)과 같이 범위를 지정할 수도 있어요. 그러면 for문은 0, 1, 2, 3, 4, 5 이렇게 6번 반복 실행하라는 의미예요.

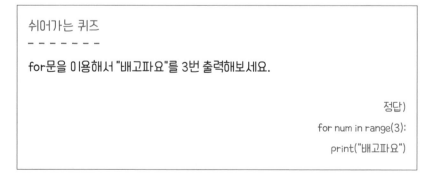

쉬어가는 퀴즈
- - - - - - - -
for문을 이용해서 "배고파요"를 3번 출력해보세요.

정답)
```
for num in range(3):
    print("배고파요")
```

패턴 2: for 변수 in 리스트

앞에서 리스트를 배웠는데요. for문은 리스트를 활용해서 코드를 반복 실행할 수 있어요. 리스트는 다음과 같이 집합처럼 사용하는 변수예요.

my_expression = ['Joy', 'Hope', 'Love', 'Angry']

리스트를 이용해 for문을 아래와 같이 작성할 수 있어요. for문은 리스트에 있는 데이터 개수만큼 실행됩니다. 리스트에 Joy, Hope, Love, Angry 이렇게 4개의 문자열이 있으니 for문이 4번 실행되겠네요.

4번 실행될 때 my_expression 리스트에 있는 값이 순서대로 expression 변수에 담기면서 for문이 실행돼요.

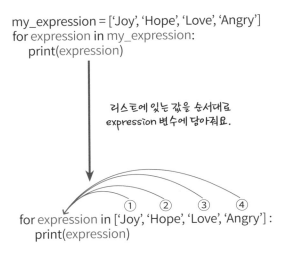

```
my_expression = ['Joy', 'Hope', 'Love', 'Angry']
for expression in my_expression:
    print(expression)
```

리스트에 있는 값을 순서대로
expression 변수에 담아줘요.

```
for expression in ['Joy', 'Hope', 'Love', 'Angry'] :
    print(expression)
```
① ② ③ ④

for문이 실행되는 상황을 그림으로 표현하면 다음과 같아요.

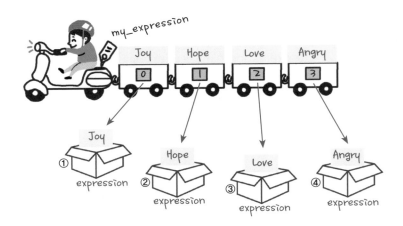

코드로 설명해보면, 다음과 같이 리스트가 있는 for문이 반복 실행
된답니다.

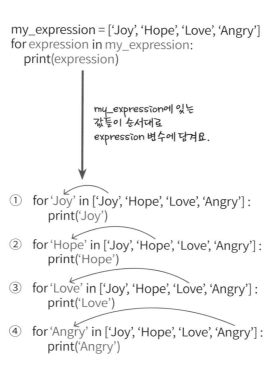

```
my_expression = ['Joy', 'Hope', 'Love', 'Angry']
for expression in my_expression:
    print(expression)
```

my_expression에 있는
값들이 순서대로
expression 변수에 담겨요.

① for 'Joy' in ['Joy', 'Hope', 'Love', 'Angry'] :
    print('Joy')

② for 'Hope' in ['Joy', 'Hope', 'Love', 'Angry'] :
    print('Hope')

③ for 'Love' in ['Joy', 'Hope', 'Love', 'Angry'] :
    print('Love')

④ for 'Angry' in ['Joy', 'Hope', 'Love', 'Angry'] :
    print('Angry')

Run Module을 통해 코드를 실행하면 아래와 같이 리스트의 문자열이 순서대로 4번 출력됩니다.

8장. 난 당신을 무한루프로 사랑할 거예요, while(1)

패턴 3: for 변수 in 변수

for문에서 in 뒤에 문자형 변수를 넣으면 문자 개수만큼 for문이 실행돼요.

for 변수1 in 변수2 ➡ for letter in word ➡ word의 글자 개수만큼 반복

아래의 코드를 살펴보겠습니다. word에 'abcde'라는 문자열이 있네요. 여기서 문자를 하나씩 꺼내 letter에 담아줍니다. 'abcde'의 문자 개수만큼 for문이 실행됩니다.

```
word = 'abcde'
                        a, b, c, d, e를 차례대로 letter 변수에 담아줘요.
for letter in word:
    print(letter)
```

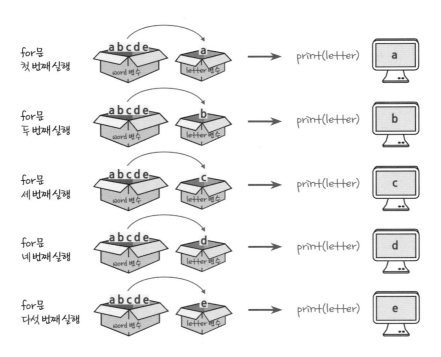

이 코드를 실행하면 아래와 같이 출력됩니다.

 여기서 잠깐!

for문 작성하는 방법은 언어마다 다릅니다. 자바, C, C++ 등의 언어에서는
다음과 같이 for문을 작성해요.

```
for(i = 0; i <10 ;  i++){

}
```

이 코드의 의미는 i 변수에 0을 할당하고, i가 9가 될 때까지 for문을 반복 실
행하라는 것입니다. 그리고 한 번 실행할 때마다 i를 1씩 더해줍니다. 파이
썬과는 다르게 for문의 코드 블록을 묶어주기 위해 중괄호 { }를 사용합니다.

9장

상자 안에 넣어둔 숫자,
함수 f(x)

함수
Function

수학시간에 함수를 배웠는데요. 함수는 f(x)로 표기합니다. 그리고 y=2x+3과 같이 우리가 원하는 계산식을 함수로 정의하고 있어요. f(x)에서 x가 1일 때 함수의 결과는 5가 되고, x가 2이면 7이 됩니다.

사전에는 함수를 이렇게 정의하고 있어요.

입력의 집합과 허용 가능한 출력 집합 사이의 관계.

백과사전의 정의는 참으로 이해하기 어렵습니다. 그래도 다시 한 번 정의를 읽어보니 함수에는 입력과 출력을 연결해주는 은밀한 관계가 있다는 생각이 듭니다. '함수(函數)'의 뜻을 풀이해보면, 상자 속에 넣어둔 숫자를 의미합니다. 마법 같은 기능이 있어서 입력을 넣으면 짠하고 출력이 나오는 그런 상자 같다는 생각이 듭니다.

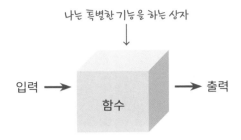

나는 특별한 기능을 하는 상자

입력 → 함수 → 출력

이런 함수의 개념은 코딩의 세계까지 확장됩니다. 무엇인가를 입력하면 결과를 얻을 수 있는 이 상자를 코딩에서도 '함수'라고 부릅니다. 아래 그림을 보면, 상자 위쪽에 x가 들어갑니다. 상자 안에서 무슨 일이 일어나는지는 모르겠지만 상자 아래쪽에서 f(x)가 쑥 나옵니다. 이 함수는 마치 마법상자 같습니다. 주문을 외우면 내가 원하는 것을 출력해주거든요. 함수를 자판기에 비유하기도 합니다. 돈을 넣고 자판기 버튼을 누르면 쿵 하고 내가 원하는 음료수가 떨어지거든요.

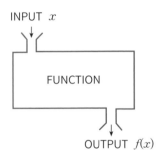

INPUT x

FUNCTION

OUTPUT $f(x)$

코딩을 통해 우리가 원하는 무엇이든 상자로 만들 수 있어요. 남들이 만들어놓은 상자도 있고, 내가 직접 만드는 상자도 있어요. 무엇인가를 뚝딱뚝딱 처리해주는 이 상자를 '함수'라고 부른답니다.

남들이 이미 만들어놓은 함수에는 우리가 프로그램을 만들 때 유용하게 사용할 수 있는 기능들이 구현되어 있어요. 자바, 파이썬 등을 만든 회사나 단체에서는 개발자들을 위해 다양한 함수를 제공하고 있답니다. 코딩을 잘하려면 이 함수를 잘 사용하는 방법을 배워야 해요. 만약에 내가 원하는 함수가 없다면 직접 만들어도 되고, 인터넷에서 가져와 사용해도 되지요.

 여기서 잠깐!

함수는 영어로 하면 'function'인데요. function은 우리말로 '함수'라는 뜻뿐 아니라 '기능'이라는 뜻도 가지고 있어요. 함수와 기능에는 밀접한 관계가 있어요. 인쇄하기, 표 추가 등이 프로그램의 기능인데요. 이런 기능들은 print(), addTable() 같은 함수가 코드로 작성되어야 실행 가능하거든요.

객체지향 프로그래밍 언어에서는 객체에서 제공되는 함수를 특별히 '메소드(method)'라고 불러요.

9장. 상자 안에 넣어둔 숫자, 함수 f(x)

자바, 파이썬 같은 프로그래밍 언어는 개발자를 위한 다양한 함수를 제공하고 있어요. 우리 몸의 간, 심장 등이 피부에 감추어져 있기 때문에 '내장'이라고 부르는 것처럼, 프로그래밍 언어에도 '내장 함수'라고 불리는 다양한 함수가 준비되어 있어요. 파이썬 코딩 환경을 마련하기 위해 IDLE를 설치했었는데요. IDLE를 설치할 때 '내장 함수'가 자동으로 내 컴퓨터에 설치된답니다. 내장 함수를 영어로 'Built-in function'이라고 하는데요. 오피스텔에서 냉장고, 세탁기 등을 빌트인으로 제공하는 것처럼, 프로그래밍 언어도 종합선물세트처럼 다양한 빌트인 함수를 제공하고 있습니다.

코딩을 잘하기 위해서는 이들 함수가 무엇인지 그리고 어떻게 사용하는지 배워야 해요. 파이썬 3.x에서 제공하는 내장 함수는 다음 표와 같습니다. 내가 만든 코드 안에 다른 모듈의 함수를 넣으려면 '모듈을 수입해주세요'라는 의미로 import◆라는 단어를 사용해야 하는데요.

◆ import는 '모듈을 수입해주세요'라는 의미인데요. 이 내용은 13장에서 설명합니다.

내장 함수는 import라는 키워드를 사용하지 않아도 바로 사용 가능한, 그야말로 파이썬의 심장과 같은 중요한 녀석이죠.

Built-in Functions				
abs( )	dict( )	help( )	min( )	setattr( )
all( )	dir( )	hex( )	next( )	slice( )
any( )	divmod( )	id( )	object( )	sorted( )
ascii( )	enumerate( )	input( )	oct( )	staticmethod( )
bin( )	eval( )	int( )	open( )	str( )
bool( )	exec( )	isinstance( )	ord( )	sum( )
bytearray( )	filter( )	issubclass( )	pow( )	super( )
bytes( )	float( )	iter( )	print( )	tuple( )
callable( )	format( )	len( )	property( )	type( )
chr( )	frozenset( )	list( )	range( )	vars( )
classmethod( )	getattr( )	locals( )	repr( )	zip( )
compile( )	globals( )	map( )	reversed( )	__import__( )
complex( )	hasattr( )	max( )	round( )	
delattr( )	hash( )	memoryview( )	set( )	

언어마다 제공하는 내장 함수가 다르므로 새로운 언어를 공부할 때는 어떤 함수가 제공되는지 확인하는 습관을 가져야 합니다. 내장 함수는 프로그래밍을 할 때 자주 사용될 수 있는 유용한 함수이다 보니 대부분의 코딩 책에서 이들 함수들을 기본적으로 소개하고 있어요.

출력 함수
print( )

　화면에 문자열을 출력하고 싶다고요? 그럼 print( ) 함수를 사용하면 됩니다. print를 우리말로 하면 '인쇄하다'라는 뜻인데요. 이 함수는 모니터에 글자를 출력해주는 내장 함수예요.

print("안녕하세요")

　함수 이름이에요.　　입력값이에요.

　함수의 입력값에 '안녕하세요'를 넣어주면, 모니터 화면에 '안녕하세요'라고 글자를 띄어줍니다. 입력값은 print( ) 함수의 괄호 안에 넣어주면 됩니다. 모든 함수에서 괄호는 입력값을 넣는 자리입니다.

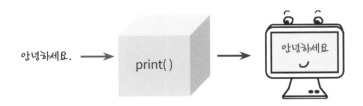

아래 그림은 파이썬 셸에서 print( ) 함수를 실행한 화면이에요. 파이썬에서 문자열은 녹색으로 표시해줍니다. 함수는 보라색으로 표시해주고요.

print( ) 함수의 입력값에 "안녕하세요" 같은 문자열 대신에 변수를 넣어도 되는데요. x라는 변수를 정의하고 print( ) 함수의 괄호 안에 변수 이름(x)을 적어주면 변수에 담긴 문자열이 모니터 화면에 짠 하고 나타나는 거예요.

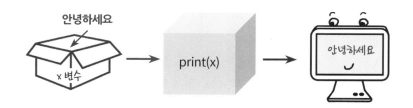

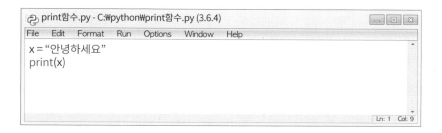

이렇게 입력하고 Run Module을 실행하면 print( ) 함수가 실행되어 x 변수에 담긴 문자열("안녕하세요")이 출력됩니다.

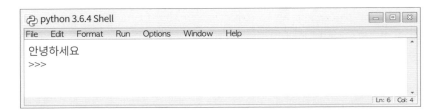

입력 함수
input( )

프로그램은 사용자가 입력한 값에 따라 반응을 보입니다. 컴퓨터에게 명령을 내려 원하는 결과를 얻기 위해서는 컴퓨터에게 무엇인가를 '입력'해야 합니다. 그래서 내장 함수에도 사용자의 입력을 받기 위한 함수가 있는데요. 바로 input( )입니다.

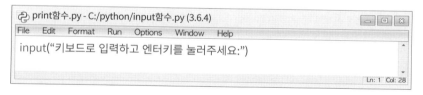

input은 우리말로 '입력하다'라는 뜻이에요. 그래서 이 함수를 실행하면 "키보드로 입력해주세요, 주인 님"이라는 의미로 커서를 깜박이며 사용자의 입력을 기다립니다.

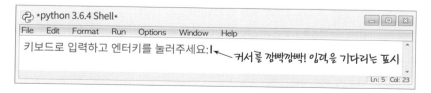

9장. 상자 안에 넣어둔 숫자, 함수 f(x)

키보드로 5를 입력하고 엔터키를 누릅니다. 아, 그런데 그냥 프로그램이 끝나버리네요. 왜 그럴까요? 코드에 input( )만 작성해서 그래요. 키보드로 입력받은 후 할 일이 없으니 그냥 끝나버린 거지요.

입력만 넣고 끝나니 너무 아쉽습니다. print( ) 함수를 사용해서 내가 입력한 문장을 다시 화면에 출력해볼게요.

```
print함수.py - C:\python\input함수.py (3.6.4)
File   Edit   Format   Run   Options   Window   Help
inputString = input("주인 님! 키보드로 입력하고 엔터키를 눌러주세요 : ")
print(inputString)
                                                          Ln: 4   Col: 0
```

그럼 코드를 한 줄 한 줄 이해해봅시다.

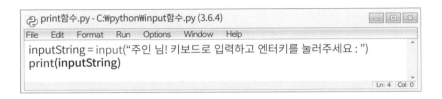

input 함수를 실행할 때 화면에 출력하는 문장이에요.

inputString = input("주인 님! 키보드로 입력하고 엔터키를 눌러주세요:")

키보드를 입력한 문자열을 inputString에 담아주는 거예요.

input( ) 함수를 실행하면 "주인 님! 키보드로 입력하고 엔터키를 눌러주세요:"라는 문장을 출력해요. 그리고 키보드로 입력한 문자열을 받아, inputString 변수에 쏙 담아줍니다. 코딩을 할 때 '='가 있으면 오른쪽 함수의 결과를 왼쪽 변수에 담으라는 의미예요. 그림으로 표현하면 다음과 같답니다.

그런 다음 print( ) 함수를 실행해 변수에 담긴 문자열을 모니터에 출력해줍니다.

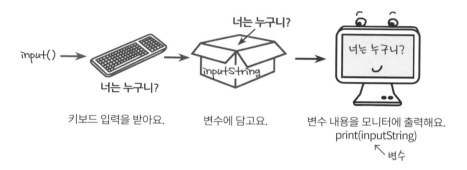

키보드 입력을 받아요.   변수에 담고요.   변수 내용을 모니터에 출력해요.
print(inputString)
↖ 변수

이제 실행을 해볼까요? "너는 누구니?"라고 입력하니 바로 아래 줄에 "너는 누구니?"라고 출력하네요.

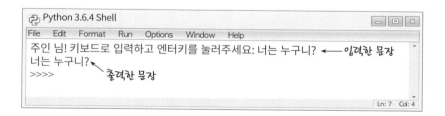

9장. 상자 안에 넣어둔 숫자, 함수 f(x)

문자열 → 숫자
int( )

input( ) 함수를 이용해 두 숫자를 더하는 프로그램을 만들어볼게요. 우선 슈도 코드로 작성해볼까요?

슈도 코드

첫 번째 값을 입력받는다.
두 번째 값을 입력받는다.
두 값을 더한다.
그리고 화면에 출력한다.

이제 슈도 코드를 파이썬 코드로 바꿔볼게요.

슈도 코드	파이썬 코드
첫 번째 값을 입력받는다.	a = input("첫 번째 값을 입력해주세요:")
두 번째 값을 입력받는다.	b = input("두 번째 값을 입력해주세요:")
두 값을 더한다.	c = a + b
그리고 화면에 출력한다.	print(c)

그럼 아래 코드를 한번 실행해볼까요?

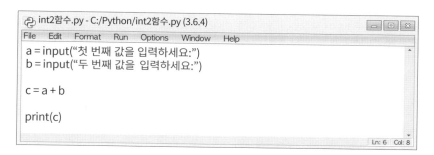

```
a = input("첫 번째 값을 입력하세요:")
b = input("두 번째 값을 입력하세요:")

c = a + b

print(c)
```

'첫 번째 값을 입력하세요:'라는 메시지가 나오면 키보드로 1을 입력하고, '두 번째 값을 입력하세요:'라는 메시지가 나오면 2를 입력했어요. 그런 다음 코드를 실행해보니 12가 나왔어요. 이런, 두 숫자를 더해야 하는데 왜 이런 결과가 나온 걸까요?

```
첫 번째 값을 입력하세요: 1
두 번째 값을 입력하세요: 2
12
>>>
```

그 이유는 input( ) 함수가 키보드로 입력한 값을 무조건 문자열로 처리하기 때문이에요. 즉 숫자를 입력해도 문자열로 처리한답니다. 문자열은 더하기(+)로 합칠 수 있어요. 그래서 a와 b에 변수로 담긴 문자열이 담겨 있으니, 더하기로 변수 안의 문자열이 합쳐진 것이죠.

9장. 상자 안에 넣어둔 숫자, 함수 f(x)

그럼, 어떻게 하면 좋을까요? 이때 사용하는 함수가 int( ) 함수랍니다. int( )의 괄호에 문자열을 넣으면 숫자로 바꿔줄 수 있어요. 예를

◆ 숫자를 따옴표로 묶으면 문자열이 됩니다.

들어 int('30')이라고 하면 문자열 '30'은 숫자 30으로 바뀝니다.◆

그럼, 파이썬 코드를 아래와 같이 바꿔볼게요.

```
a = input("첫 번째 값을 입력해주세요: ")
new_a = int(a)
```

코드를 한 줄 한 줄 이해해볼까요? input( ) 함수를 실행해 키보드로 숫자 2를 입력 받아요(그림의 ①). 그런 다음 변수 a에 문자를 담습니다(②). 문자가 담긴 변수를 int( ) 함수의 괄호에 쏙 넣어주세요(③). 마지막으로 int( ) 함수의 결과값인 숫자를 new_a라는 변수에 담아주세요(④).

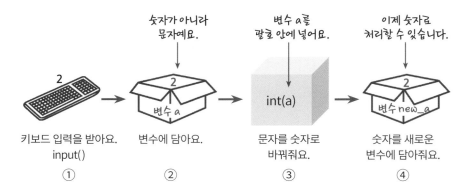

| 숫자가 아니라 문자예요. | 변수 a를 괄호 안에 넣어요. | 이제 숫자로 처리할 수 있습니다. |

키보드 입력을 받아요. input()
①

변수에 담아요.
②

문자를 숫자로 바꿔줘요.
③

숫자를 새로운 변수에 담아줘요.
④

코딩에서는 이런 식으로 문자열을 숫자로 바꿔줘야 사칙 연산(+, -, *, /)이 가능해집니다. 컴퓨터에게 일을 시키려면 이렇게까지 시시

콜콜하게 알려줘야 한다는 사실!

int( ) 함수를 이용해 아래와 같이 코드를 고쳤습니다.

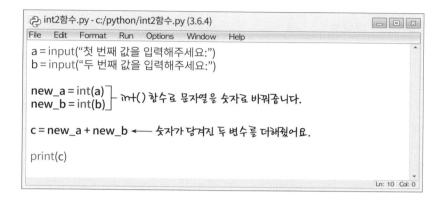

코드를 실행해볼까요? 이제야 우리가 원하는 결과가 나옵니다.

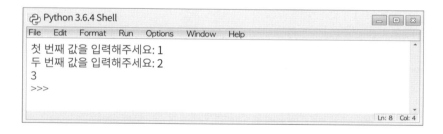

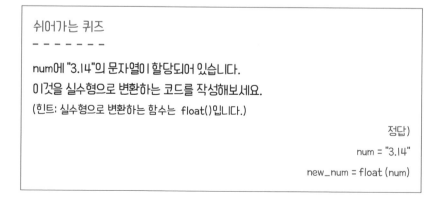

9장. 상자 안에 넣어둔 숫자, 함수 f(x)

코딩을 통해서 문제 해결 능력을 키우자!

컴퓨터는 아래 두 줄의 코드를 다르게 이해합니다. 다른 게 없어 보이는데 무엇이 다른 걸까요?

num_student = 20
num_student = "20"

잘 보면 첫 번째 코드에는 20에 따옴표가 없고, 두 번째 코드에는 따옴표가 있어요. 여러분은 여기서 아주 중요한 차이를 발견한 거예요. 따옴표가 아주 큰 차이를 주거든요. 변수에 20을 할당하면, 컴퓨터는 '아하! 이 데이터는 정수구나'라고 이해합니다. 하지만 변수에 "20"을 할당하면 '아하! 이 데이터는 문자열이구나'라고 이해합니다.

'그거나 저거나 같아 보이는구먼!'이라는 생각이 드신다고요? 하하, 이미 말씀드렸지만 컴퓨터는 엄격하게 문법을 따지는 까다로운 녀석입니다. 글자 하나라도 틀리면 오류 메시지를 보여주는 까칠한 녀석이죠.

코딩을 하다 보면, 문자열을 숫자로 바꿔야 하는 일이 종종 생깁니다. 이럴 때 데이터형을 변환해주는 친절한 함수 int()를 사용합니다.

아래와 같이 곱하기 프로그램을 만든다고 생각해보겠습니다. 두 개 숫자를 입력받아, 이 두 숫자를 곱해주는 프로그램이에요. 코드는 다음과 같이 작성합니다.

print("Welcome!")	"환영해"라고 출력해줘
first_num= input("첫 번째 값을 입력해주세요:")	"첫 번째 값을 입력해주세요:"라는 문자열을 출력해주고, 사용자의 입력을 기다려. 사용자가 입력하면 그 값을 first_num에 담아줘
second_num= input("두 번째 값을 입력해주세요:")	"두 번째 값을 입력해주세요:"라는 문자열을 출력해주고, 사용자의 입력을 기다려. 사용자가 입력하면 그 값을 second_num에 담아줘
multiply=first_num * second_num	두 개 숫자를 곱한 다음에 multiply에 저장해줘
print(multiply)	multiply 값을 출력해줘

아래는 파이썬 에디터에서 코드의 모습입니다.

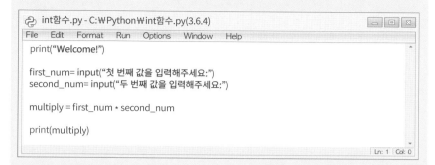

코드를 실행한 후 첫 번째 값에 3을 입력하고 두 번째 값에 3을 입력했습니다.

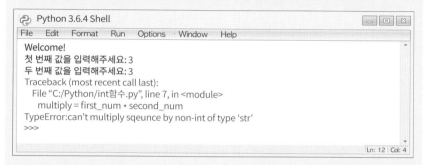

그런데 갑자기 파이썬 셸이 아래와 같이 오류 메시지를 뱉어냅니다.

> Traceback (most recent call last):
>   File "C:/Python/int함수.py", line 7, in <module>
>   multiply = first_num * second_num
> TypeError:can't multiply sqeunce by non-int of type 'str'

line 7이라고 써 있는 것을 보니, 7번째 코드(multiply=first_num * second_num)에서 오류가 났다는 의미군요. 그리고 'TypeError'라고 유형이 잘못되었다고 알려줍니다. can't multiply sequence by non-int of type 'str'을 읽어보니 이런 뜻이네요. "개발자 님! 정수(int)가 아닌 str 타입으로 곱하기를 할 수가 없어요!" 여기서 non-int는 '정수가 아니에요'라는 의미이고, str은 string의 약자로 문자열을 말합니다.

흠…… 생각해보니 파이썬이 예리한 지적을 했네요. 문자형을 어떻게 곱하겠어요. 그래서 문자형을 정수형으로 바꿔야 합니다. 그럼 어떻게 문자형을 정수형으로 바꿀까요? 고맙게도 파이썬이 int() 함수를 미리 준비해놓았군요. 친절한 우리 파이썬 님!

int() 함수의 괄호 안에 문자열을 넣으면 알아서 휘리릭 정수형으로 바꿔준답니다. 여기서는 first_num을 int()의 괄호 안에 쏙 넣어주면 돼요.

①번 코드를 ②번 코드로 변경하고 소스 코드를 실행하니, 이제야 됩니다.

> ①번 코드) multiply = first_num * second_num
> ②번 코드) multiply = int(first_num) * int(second_num)

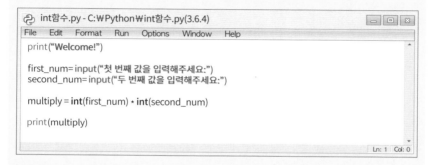

파이썬 셸에서 3과 5를 입력하니, 15라는 결과가 출력됩니다.

자, 다시 한 번 정리해볼게요. 아래 코드에서 num은 정수일까요? 문자열일까요? 문자열입니다. 숫자 3을 따옴표(' ')로 묶어줬잖아요.

> num = '3'
> new_num = int(num)

그럼 new_num은 정수일까요? 문자열일까요? new_num은 정수가 됩니다. int() 함수로 문자열을 정수로 변경해주었으니까요.

숫자 → 문자열
str( )

int( )와는 반대로 숫자를 문자열로 바꿔줘야 할 때가 있어요. 이때 사용하는 함수가 str( )이에요.

아래와 같이 코드를 작성하고 실행하면 "데이터형 오류가 발생했어요"라고 오류 메시지가 나타납니다.

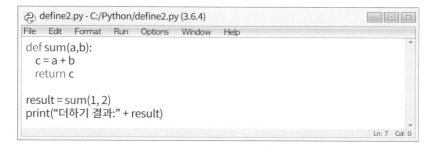

```
define2.py - C:/Python/define2.py (3.6.4)

File   Edit   Format   Run   Options   Window   Help

def sum(a,b):
  c = a + b
  return c

result = sum(1, 2)
print("더하기 결과:" + result)
                                                    Ln: 7  Col: 0
```

180쪽의 페이썬 셸 창에서 오류 내용을 보니 print("더하기 결과:" +result)에서 오류가 났네요. 이유를 살펴보니 "TypeError: must be str, not int"라고 알려주는데요? 아하! 데이터형이 문자열(str)이어야 하는데, 정수형(int)이 사용되었나 보네요.

9장. 상자 안에 넣어둔 숫자, 함수 f(x)

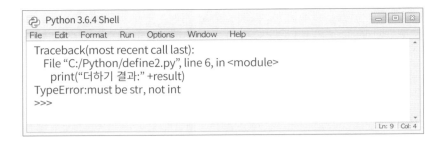

    print( ) 함수의 입력으로 들어간 내용을 보니 "더하기 결과: "
+result라고 적었네요. "더하기 결과:"는 문자열인데 result는 숫자이
니 컴퓨터가 이렇게 말을 합니다. "문자열과 숫자를 어떻게 더하라는
거예요!"

    그래서 "must be str"이라고 알려준 거군요. 이 상황을 어떻게 해
결하면 좋을까요? 그래서 str( )가 내장 함수로 제공되는 거 아니겠어
요? str( ) 함수는 괄호 안의 값을 문자열로 바꿔주는 녀석이랍니다.

    아래와 같이 코드를 고쳐준 후 다시 실행하니, 이제 제대로 결과가
나옵니다.

```
print("더하기 결과: " + str(result))
```

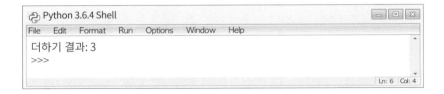

파워포인트, 인터넷익스플로러 같은 프로그램은 다양한 기능을 제공합니다. 이런 기능들을 사용할 수 있는 것은 이미 '함수'가 코드로 작성되었기 때문이죠. 프로그램에서 '인쇄' 기능이 동작할 수 있는 것도 이에 대한 함수가 코드로 작성되어 있기 때문입니다.

그럼, 나만의 함수를 만들어볼까요? 지금부터 만들려는 함수는 2개의 숫자를 더해서 결과를 알려주는 함수인데요.

우선, 함수 이름을 sum이라고 짓겠습니다. 2개의 입력값이 필요하니 변수 a, b를 사용하고요. 2개 값을 더하는 코드를 c=a+b라고 적어줬습니다. 그리고 마지막으로 return이라는 코드로 c변수의 값을 반환해줍니다.

함수를 정의한다는 표시   함수 이름이에요.

```
def sum(a, b):
    c = a+b
    return c
```
←c 변수에 들어 있는 값을 반환해줍니다.

여기서 def이라는 단어가 사용되었는데요. def는 define의 준말로 함수를 정의하겠다는 표시이지요. def sum(a, b)라고 코드를 작성하면 컴퓨터에게 이렇게 명령하는 거예요. "이봐, 컴퓨터! sum이라는 함수를 정의할 테니 잊지 말고 잘 기억해둬! 누군가 나를 호출할 거니까."

return은 '왔던 길을 돌아감'이라는 의미를 가집니다. 컴퓨터가 함수를 쭉 실행하다가 return을 발견하면 함수를 호출한 위치로 되돌아가고, 이때 c 변수에 저장된 값을 들고갑니다.

```
② def sum(a, b):
       c = a+b          ┐ 함수를 정의하는 코드예요.
       return c         ┘

① result = sum(1, 2)  ← sum 함수를 호출하는 코드예요.
③ print(result)
```

자, 이제 코드가 실행되는 과정을 찬찬히 살펴볼게요. 위 코드에서 result=sum(1, 2)가 먼저 실행돼요(①번). '='가 있으면 오른쪽부터 실행됩니다. sum(1, 2)라고 쓰면 "sum( ) 함수를 호출한다"라고 해요. "sum 함수야, 이것 좀 해줘" 말하며 함수를 부르는 것이랍니다.

```
① result = sum(1, 2)
                ↑
         '='가 있으면 오른쪽부터 실행돼요.
```

함수를 호출하면 def로 정의된 sum 함수가 실행되는데요(②번). 괄호 안은 입력값이에요. sum(a, b)에서 a에는 1, b에는 2가 함수로 전달됩니다. 함수의 코드를 실행하다가 return을 만나면 함수를 호출했던 위치로 돌아가야 해요. 12시에 종이 울리면 신데렐라가 집에 돌아가야 하는 것처럼요.

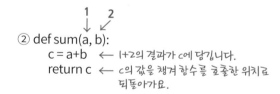

② def sum(a, b):
　　c = a+b　　← 1+2의 결과가 c에 담깁니다.
　　return c　← c의 값을 챙겨 함수를 호출한 위치로 되돌아가요.

return을 만나면 ①번 코드로 되돌아가 sum(1, 2)에서 반환된 값을 result 변수에 넣어줍니다.

① result = sum(1, 2)
반환된 값(3)을 result 변수에 넣어줍니다.

마지막으로, result에 들어 있는 값(3)을 모니터에 출력해줍니다.

③ print(result)

파이썬 에디터에 코드를 작성한 모습이에요.

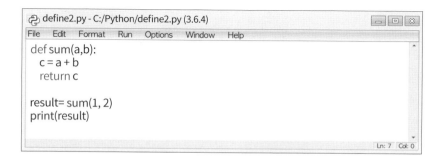

이 코드를 실행하면 다음과 같이 3이 출력됩니다.

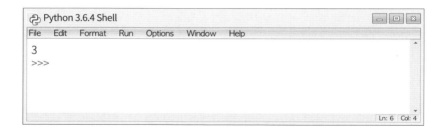

매개 변수
Parameter

sum 함수를 정의할 때 def sum(a, b)라고 적었는데요. 괄호 안의 a, b를 어려운 말로 '매개 변수' 혹은 '인자'라고 불러요. '매개 변수'가 영어로 파라미터(parameter)이고, '인자'는 영어로 '아규먼트(argument)'입니다. 같은 말을 4가지 용어로 사용하다니 이해할 수 없는 코딩의 세계이지만, 컴퓨터를 다루는 사람들은 이런 외계어 같은 단어들에 익숙하답니다.

왜 매개 변수라고 부르냐고요? '매개'는 '둘 사이의 관계를 맺는다'라는 뜻인데요. 함수를 호출하는 코드와 함수를 정의하는 코드 사이에서 관계를 맺어주는 중요한 역할을 해주기 때문에 이런 말을 사용하는 거예요. 그래서 함수를 정의(def sum(a, b))할 때 매개 변수인 a, b를 작성합니다.

함수에 매개 변수가 없는 경우도 있어요. input( )이라고 작성하면 매개 변수가 없는 함수예요. input("무엇이든 입력해보세요")라고 작성하면 문자열을 매개 변수로 사용하는 것이죠. 이 함수를 실행하면 아

9장. 상자 안에 넣어둔 숫자, 함수 f(x)

래와 같이 문자열을 화면에 출력해주고 커서를 깜박여 사용자의 입력을 받을 준비를 합니다.

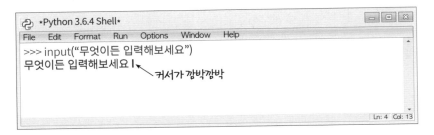

글로벌 변수와 로컬 변수
Global vs Local Variable

글로벌(global)은 '세계적인'이라는 의미를 가집니다. 로컬(local)은 '지역의'라는 의미를 가지고요. 글로벌과 로컬이라는 단어는 변수의 활동 범위를 알려줍니다. 함수 안에서만 변수가 사용되면 '로컬 변수(Local Variable)'라 하고, 함수 밖에서도 글로벌하게 사용되는 변수를 '글로벌 변수(Global Variable)'라고 해요.

함수 안에서 s 변수가 정의되는데요. 이 변수를 로컬 변수라고 합니다. 이 변수는 func( ) 내부에서만 사용할 수 있거든요.

```
def func() :
    s = "저는 로컬 변수예요."    ← 함수 안에 정의한 변수는 로컬 변수예요.
    print(s)                      func( ) 안에서만 s 변수를 사용할 수 있어요.

func()
```

187

9장. 상자 안에 넣어둔 숫자, 함수 f(x)

이 코드를 실행하면 다음과 같은 결과가 나옵니다.

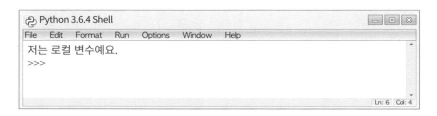

아래와 같이 print(s)를 함수 밖으로 이동시키고 코드를 실행하면
어떻게 될까요?

```
def func() :
    s = "저는 로컬 변수예요."  ← 함수 안에서만 사용할 수 있어요.
                              함수 밖에서는 s변수의 존재를 알 수가 없답니다.
func()
print(s)  ← s 변수를 사용하는 print() 함수에서 오류가 납니다.
          함수 안에서만 사용할 수 있는 s 변수를 함수 밖에서 사용해서 그런 거예요.
```

아래와 같이 오류 메시지가 출력됩니다. 오류 메시지에 'name 's'
is not defined'라고 적혀 있는데요. 오류 내용을 보니 's 변수가 정의
되어 있지 않았어요!'라는 뜻이네요. s 변수는 func( ) 함수 내부에서만
사용할 수 있기 때문에 함수 밖에서는 s 변수의 존재를 알 수 없어요.

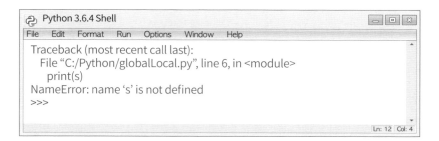

s 변수를 글로벌하게 사용하고 싶으면 global 키워드를 붙이면 돼요.

```
def func() :
    global s   ← s 변수는 글로벌 변수예요. 함수 밖에서도 사용할 수 있어요.
    s = "저는 글로벌 변수가 되었어요."

func()
print(s)   ← 함수 안에서 변수를 정의했지만, global 키워드 덕분에
             함수 밖에서도 s 변수를 사용할 수 있어요.
```

코드를 다시 실행해보니 오류 없이 실행됩니다.

함수 밖에 변수를 정의하면 global 키워드가 없어도 자동으로 글로벌 변수가 됩니다. 아래와 같이 함수 밖에서 s 변수를 정의하면 func( ) 함수 안에서도 이 변수를 사용할 수 있습니다.

```
def func() :
    print(s)   ← func() 안에 s 변수가 정의되어 있지 않아도
                 s 변수가 글로벌 변수라 사용할 수 있어요.

s = "저는 글로벌 변수입니다."   ← 함수 밖에 정의된 글로벌 변수예요.
func()
```

글로벌 변수는 func( ) 안에서도 사용될 수 있기 때문에 아래와 같이 오류 없이 실행됩니다.

'함수'라는 말 대신에 루틴(routine), 프로시저(procedure), 서브루틴(sub-routine)이라고도 해요. 이들 단어들이 모두 비슷한 뜻을 가지고 있어요.

　'루틴(routine)'이란 '정해진 일'이라는 의미예요. 함수를 호출하는 것은 '함수야! 이 일 좀 해줘'라고 지시하는 과정이죠. 그래서 함수를 '루틴'이라고도 해요.

　'프로시저(procedure)'는 '절차'라는 의미를 가지는데요. 어떤 작업이나 문제를 해결하기 위한 명령어를 순서대로 적어놓은 코드를 의미해요.

　함수 안에서 또 다른 함수가 호출될 때가 있는데요. 호출당하는 함수를 서브루틴(subroutine)이라고 해요. 'sub'라는 단어는 하위라는 뜻으로, 루틴에서 불려지는 또 다른 루틴을 하위 루틴이라고 해요.

10장

알고리즘

알고리즘
Algorithm

코딩만큼이나 주목받고 있지만, 코딩처럼 개념조차 이해하기 어려운 '알고리즘(Algorithm)'에 대해 소개해드리려고 합니다. 알고리즘이 무엇이기에 코딩만큼이나 관심을 받고 있는 걸까요? 소프트웨어 교육 의무화를 준비하는 사람이라면 반드시 공부해야 하는 필수 과목처럼 느껴지니 말입니다. 기대 반 열정 반으로 알고리즘 책을 펼쳐보지만, 머릿속은 서서히 복잡해집니다. 갑자기 한숨 소리와 함께 "아이고" 하는 소리가 들립니다. 책장 넘기는 소리는 온데간데 없이 사라졌습니다. "아이고"라는 소리에 이름을 '알고리즘'으로 지은 게 아닌지 갑자기 궁금해집니다.

우리 생활에서 절대 접할 일 없던 '알고리즘'이라는 단어가 서점에서 갑자기 눈에 띄기 시작하네요. 사실 우리가 알고리즘의 존재를 몰랐을 뿐이지 주변에 알고리즘이 없었던 것은 아닙니다. 알고리즘은 우리 생활 곳곳에서 복잡한 문제를 해결해주는 존재감 있는 녀석이었거든요. 네이버 지도의 길찾기 알고리즘, 암호화 알고리즘, 버스 요금 계산 알고리즘은 복잡한 세상의 해결사가 되어준 우리 생활의 고마운 알고리즘입니다.

네이버 지도의 길찾기 알고리즘은 현재 위치에서 목적지로 가기 위한 최적의 경로와 비용을 알려줍니다. 출발지와 도착지를 입력하면 알고리즘이 최적 경로를 계산해주고요. 어떤 교통 수단을 이용해야 하는지, 요금은 얼마나 되는지 알려줍니다. 암호화 알고리즘이라는 말이 생소해 보이지만, 네이버, 다음 같은 웹 사이트를 접속할 때 우리도 모르는 사이에 암호화 알고리즘이 사용됩니다. 이 알고리즘에는 평문의 데이터를 매우 복잡한 방법으로 암호화해, 다른 사람이 데이터를 훔쳐 가더라도 암호문을 풀지 못하게 하는 암호화 기술이 들어가 있어요. 매일 아침 출근길 버스 안에서도 알고리즘의 세계를 경험합니다. 버스 단말기와 서버 컴퓨터에 요금 계산 알고리즘이 들어가 있어 다양한 상황을 고려해 교통 요금을 스마트하게 계산해줍니다. 광역버스에서 시내버스로 갈아타거나, 버스에서 지하철로 환승하거나, 심야 시간에 버스를 타는 등 여러 가지 다양한 상황을 고려해 알고리즘이 만들어졌답니다.

이런 복잡한 작업을 사람이 직접 처리하기에는 현실적으로 매우 어렵습니다. 그래서 IT 기술을 활용해 사람들이 해야 하는 복잡한 작업을 컴퓨터가 대신하도록 만들어준 것이에요. 이런 기술을 활용하기 위해 코딩이라는 것을 배우는 것이고요.

그렇다면 알고리즘은 무엇일까요? '알고리즘'이란 '어떠한 문제를 해결하기 위한 방법과 절차'를 뜻합니다. 예를 들어 대중교통 요금 계산 알고리즘에는 다양하고 복잡한 요금 계산 방법과 절차가 일련의 코드들로 작성되어 있어요. 이 알고리즘은 대중교통 요금 계산이라는 문제를 해결해주는 코드들의 모음입니다.

알고리즘 책의 설명이 어렵고 복잡해 보이는 데는 다 그만한 이유가 있어요. 컴퓨터에게 일을 시키려면 하나부터 열까지 시시콜콜하게 코드로 작성해줘야 하는데요. 복잡한 문제를 해결하는 알고리즘을 만들려다 보니 코드가 복잡해집니다.

알고리즘도 결국 코드를 작성한 결과입니다. 복잡한 문제를 해결하기 위한 코드라는 점에서 '알고리즘'이라는 말을 붙인 것뿐이죠. 알고리즘 책에서 정렬 알고리즘, 검색 알고리즘, 주소 찾기 알고리즘 등을 소개하고 있는데요. 이런 복잡한 알고리즘을 소개하는 데는 나름의 이유가 있답니다.

컴퓨터를 중심으로 생활하는 우리 삶 속에서 데이터가 순간마다 기록되고 있어요. 버스 단말기에 신용카드를 대는 순간, 스마트폰으로 유튜브에 접속하는 순간, 네이버에서 무엇인가를 검색하는 순간마다 데이터가 발생합니다. 매일매일 방대하게 쌓이는 데이터에서 내가 원하는 데이터를 찾는다거나, 데이터를 순서대로 정렬해야 하는 작업은 문제로 정의할 만큼 매우 어려운 일이지요. 컴퓨터의 도움 없이 이런 일을 처리하기는 현실적으로 불가능하거든요. 그래서 이런 문제를 해결하기 위해 정렬 알고리즘과 검색 알고리즘 같은 복잡한 알고리즘을 만든 것입니다.

최댓값 찾기 알고리즘
Max Algorithm

간단한 예로 알고리즘을 설명해보겠습니다. 다음과 같이 숫자가 나열되어 있을 때, 최댓값은 무엇일까요?

3, 4, 7, 2

너무나 쉽습니다. 최댓값은 7이지요. 이렇게 쉽게 답을 찾을 수 있는 것은 사람이 가진 인지 능력 덕분입니다. 한눈에 최댓값을 찾을 수 있는 능력이 컴퓨터에게도 있으면 좋으련만, 아직 컴퓨터에는 이런 능력이 없답니다. 미래의 인공지능에게나 가능한 일이겠지요.

그러면 컴퓨터는 어떻게 이들 숫자에서 최댓값을 찾을 수 있을까요? 결국 최댓값을 찾는 알고리즘을 시시콜콜하게 코드로 작성해서 컴퓨터에게 알려줘야 한답니다. 최댓값을 찾는 코드는 매우 간단합니다. 비록 간단해 보이지만, 이런 코드도 알고리즘이라고 불러요.

최댓값을 찾는 알고리즘은 다음과 같이 작성할 수 있습니다.

numbers라는 리스트에 4개 숫자를 담습니다. 그리고 maxNum에
는 0을 초기값으로 담습니다. 알고리즘 실행이 마무리될 즈음에는
maxNum 변수에 최댓값이 들어가 있어야 합니다.

```
numbers = [3, 4, 7, 2]          numbers의 데이터 개수만큼 for문을 실행해줍니다.
maxNum = 0                      for문이 실행될 때 num 변수에 numbers의 값을
                                차례대로 넣어줍니다.
① for num in numbers:
②     if maxNum < num:          maxNum과 num을 비교해서 num이 크면 참이 됩니다.
③         maxNum = num          if문이 참이면, maxNum에 num의 값을 담아줍니다.

④ print('최댓값: ' + str(maxNum))     for문을 탈출한 후 실행되는 마지막 코드입니다.
                                       maxNum의 값을 출력해줍니다.
```

그럼 코드를 한 줄 한 줄 이해해보겠습니다. ① for 문장은 numbers
에 들어간 숫자 개수(4개)만큼 ②, ③번 코드를 반복해줍니다. ②번 코
드에서 maxNum과 num의 값을 비교해주는데요. 비교한 결과가 참
(True)이면 ③번 코드가 실행되고, 거짓(False)이면 ③번 코드가 실행되
지 않고 다시 ①번 코드가 실행됩니다. ① for 문이 4번 실행되면 마지
막으로 ④번 코드가 실행됩니다.

①번 코드(for num in numbers)가 첫 번째로 실행되면, numbers[0]에
저장된 값 3이 num에 담깁니다. 그림으로 표현하자면 다음과 같습니다.

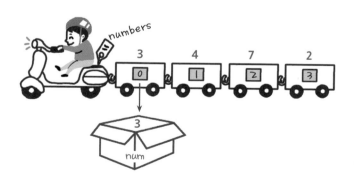

그런 다음 ②번 코드(if maxNum<num)가 실행되면 maxNum(0)
과 num(3)을 비교합니다. 조건문 if 0<3가 참(True)이 되므로 ③번
코드(maxNum=num)가 실행되어서 num의 값(3)이 maxNum에 담
깁니다. 즉 maxNum의 값이 0에서 3으로 변경됩니다.

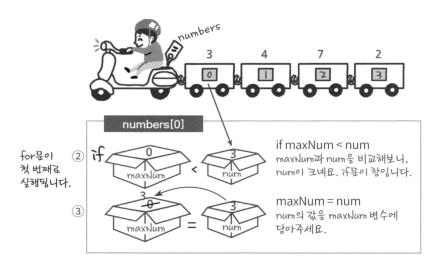

①번 for문이 두 번째로 실행됩니다. maxNum이 3, num이 4가
되어 ②번 코드(if maxNum<num)가 참(True)이 되므로, ③번 코드
(maxNum=num)가 실행됩니다. maxNum의 값이 4가 되었습니다.

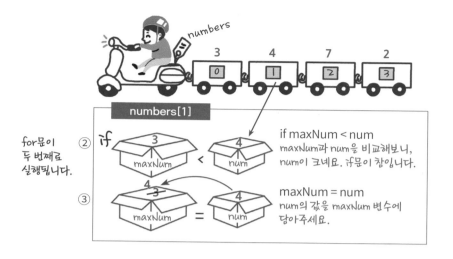

for문이
두 번째로
실행됩니다.

numbers[1]

② if

3
maxNum

<

4
num

if maxNum < num
maxNum과 num을 비교해보니,
num이 크네요. if문이 참입니다.

③

3
maxNum

=

4
num

maxNum = num
num의 값을 maxNum 변수에
담아주세요.

①번 for문이 세 번째로 실행됩니다. maxNum이 4, num이 7이
되어 ②번 코드(if maxNum<num)가 참(True)이 되므로, ③번 코드
(maxNum=num)가 실행됩니다. maxNum의 값이 7이 되었습니다.

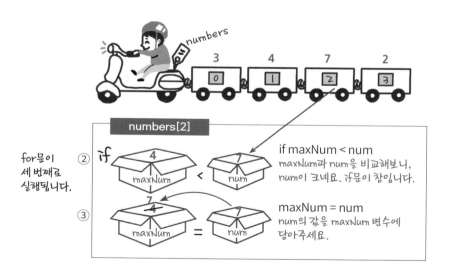

for문이
세 번째로
실행됩니다.

numbers[2]

② if

4
maxNum

<

7
num

if maxNum < num
maxNum과 num을 비교해보니,
num이 크네요. if문이 참입니다.

③

4
maxNum

=

7
num

maxNum = num
num의 값을 maxNum 변수에
담아주세요.

10장. 알고리즘

①번 for문이 네 번째로 실행됩니다. ②번 코드(if maxNum<num)가 거짓(False)이 되는 순간입니다. maxNum은 7이고, num은 2이기 때문에 if 7<2는 거짓이 됩니다. if문이 거짓이므로 if문의 코드 블록인 ③번 코드는 건너뜁니다. 그리고 ④번 코드가 실행됩니다.

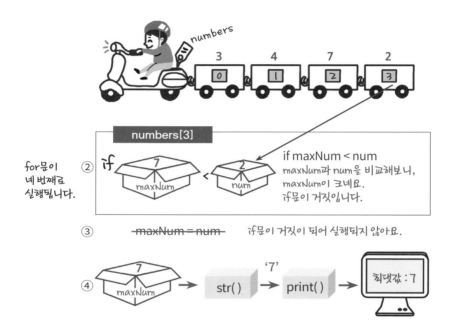

④번 코드가 실행되면 maxNum에 담긴 최댓값이 화면에 출력됩니다.

print('최댓값:'+str(maxNum))에서 왜 str( )이 사용되었을까요? 그 이유는 maxNum은 정수형 변수라서 그렇습니다. 만약 str( )을 사용하지 않고 프로그램을 실행하면 아래와 같이 오류 메시지가 출력됩니다.

```
Traceback (most recent call last):
    File "C:\python\max.py", line 9, in <module>
        print('최댓값:' + maxNum)
TypeError: must be str, not int
```

오류 내용을 살펴보면 print('최댓값:' + maxNum)에서 데이터형에 오류가 있다고 알려줍니다. 'TypeError : must be str, not int'라는 내용에서 오류의 원인을 알 수 있습니다.

print( ) 함수 안에서 '최댓값:'은 문자형입니다. 하지만 maxNum은 정수형이죠. 함수 안에 문자형과 정수형이 섞여 있으니 오류가 난 거예요. 그래서 '정수형이 아니라 문자형으로 해야지요!'라고 알려준 것입니다. 이 문제를 해결하는 방법은 str( ) 함수를 이용하면 됩니다. str( ) 함수는 maxNum을 정수형에서 문자형으로 변경해주거든요.

컴퓨터는 정말 고지식해 보입니다. 이런 사소한 것까지도 일일이 챙겨줘야 하니 말이에요. 앞으로 인공지능 세상이 오면 코딩의 방법도 바뀌지 않을까요?

간단한 코드가 저렇게나 복잡한 과정을 거쳐 실행되다니, 코딩은 역시나 연구 대상입니다. 전문가들은 코딩을 통해 '컴퓨팅 사고력'을 키울 수 있다고 합니다. '사고'라는 말은 '생각하고 궁리한다'라는 뜻

201

인데요. 코딩이라는 활동은 단순히 키보드로 글자를 입력하는 행위만 의미하지 않습니다. 우리 생활의 문제를 해결하기 위해 생각하고 궁리하는 과정을 거쳐 코딩을 하는 것이에요. 사고의 결과가 결국 알고리즘으로 구현되고, 이 알고리즘을 활용해 우리 생활에 도움을 주는 프로그램을 개발하는 것이랍니다.

11장

홍길동처럼
분신을 만드는
클래스

이번 시간에는 코딩에서 아주 중요한 객체 지향 프로
그래밍의 개념을 알아봅니다. 파이썬뿐만 아니라 자바,
C#, Ruby 등 다양한 언어에서 이 개념을 도입하고 있기
때문에 꼭 이해하고 가야 합니다.

객체 지향 프로그래밍
OOP(Object Oriented Programming)

'객체(客體)'는 한자로 된 참으로 부담스러운 단어입니다. 우리 일상에서 '객체'라는 말을 거의 사용하지 않기 때문에 도무지 감이 오지 않는 말이기도 합니다. 이렇게나 어려운 단어를 코딩에서는 왜 사용할까요? 그것은 우리가 생각하는 추상적인 개념을 프로그램으로 구현해야 하기 때문이지요.

'객체'는 주로 '주체'와 대비되어 사용되는 단어예요. 주체와 객체의 정의를 살펴보면 다음과 같습니다.

주체: 사물의 작용이나 어떤 행동의 주가 되는 것

객체: 생각과 행동이 미치는 대상

쉽게 설명하면 주체는 '무언가를 하는 사람'이고, 객체는 '무언가를 당하는 사람'이에요. 영어 문법으로 보면, 주체는 '주어'가 되는 것이고, 객체는 '목적어'가 되는 것이지요. '난 너를 영원히 사랑할 거야'

라는 문장에서 '나'는 주체이고 '너'는 객체가 됩니다. '너'라는 객체가 사랑을 당하고 있으니까요.

목적어는 영어로 object예요. object의 유사어로 target, focus가 있는데요. 목적과 관심이 있어야 주체가 객체에게 사랑을 주든 말든 하잖아요. 코딩에서도 객체는 어떤 일의 목적(target)이 되거나 관심(focus)을 받는 대상을 말해요. 이러한 이유로 여러 코딩책에서 객체를 사물이나 사람이라고 설명합니다.

우리는 어떤 사물이나 사람을 대신하기 위해 프로그램을 만듭니다. 우체국을 대신하여 이메일 송수신 프로그램을 만드는 것처럼요. 그래서 프로그램을 만들 때에는 우리가 관심을 가져야 하는 대상을 객체로 뽑아야 합니다. 예를 들어 이메일 송수신 프로그램의 경우, 우체부 아저씨, 메일을 받는 사람, 메일을 보내는 사람이 객체가 될 수 있어요.

일상에서 관심을 두고 있는 모든 것이 객체가 될 수 있어요. 한번 주변의 객체를 유심히 관찰해보세요. 이들 객체들은 '행동'과 '속성'으로 표현될 수 있어요. 자전거를 예로 들어볼게요. 자전거는 어떤 행동을 보일까요? 기어를 바꾸고, 페달이 움직이고, 브레이크가 동작하는 행동을 보입니다. 그럼 자전거의 속성은요? 노란색이고, 바퀴가 두 개라는 성질을 가지고 있어요.

객체 지향◆ 프로그래밍에서는 객체를 중심으로 코드를 작성해요.

즉 객체가 어떻게 행동하는지, 객체의 속성은 어떤지를 코드로 작성하는 거랍니다. 객체의 속성은 '변수'에 값을 담아 표현하고요. 객체의 행동은 일종의 함수인 '메소드'로 작성해요.

◆ '지향(oriented)'은 '어떤 목표로 뜻이 쏠리어 향한다'라는 뜻이에요. '객체 지향 프로그래밍'은 객체를 중심으로 프로그래밍하기 때문에 생긴 이름입니다. 객체 지향 프로그래밍은 영어로 Object Oriented Programming이에요. 그래서 약자로 OOP라고 부른답니다.

클래스와 객체
Class and Object

세상에는 정말 다양한 객체가 있어요. 자전거만 해도 노란색 자전거가 있고, 검정색 자전거도 있어요. 경주용 자전거가 있는가 하면, 유아용 자전거도 있지요. 이렇게나 다양한 객체를 일일이 코드로 표현

객체(Object)

클래스(Class)

한다면 너무나 비효율적이란 생각이 듭니다. 노란색 자전거와 검정색 자전거는 색만 다른 거잖아요. 그래서 이러한 객체들을 분류하기 위해 클래스라는 개념을 사용하는 거예요.

클래스(class)란 '부류', '종류'라는 의미를 가지고 있어요. 유사한 객체들을 종류별로 모아놓았기 때문에 이런 용어를 사용한 거죠. 클래스는 다양한 객체들을 만들 수 있는 설계 도면과 같아요. 클래스라는 설계 도면만 있으면 다양한 객체를 만들 수 있답니다.♦ 어찌 보면 클래스는 다양한 객체로 변신할 수 있는 홍길동 같은 녀석입니다.

♦ 파이썬은 다양한 프로그래밍 언어의 장점을 반영하고 있습니다. 그래서 다른 언어에서도 유사한 용어들을 볼 수 있답니다.

실생활에서 관심의 대상이 되는 객체 행동과 속성을 코드로 작성해야 하는데요. 객체의 행동을 클래스의 메소드로, 객체의 속성을 클래스의 변수로 코드를 작성해요.

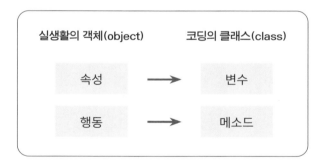

실생활의 객체(object)		코딩의 클래스(class)
속성	→	변수
행동	→	메소드

클래스 정의
Class Definition

클래스를 만드는 방법을 설명드리려고 해요. 우선 class라는 키워드 뒤에 이름을 지어줍니다. 그리고 객체의 속성과 행동을 연구해 변수와 메소드를 정의해주면 됩니다.

예를 들어 자전거의 속성은 자전거 색깔, 속도, 바퀴 개수 등이 될 수 있어요. 자전거의 행동은 기어를 바꾼다거나, 속도를 높이는 것 등이 될 수 있어요. 자전거의 속성과 행동을 코드로 작성하면 다음과 같은 코드가 됩니다.

> ✋ **여기서 잠깐!**
>
> 변수 이름을 지을 때 이름만 봐도 어떤 값을 담는 변수인지 알도록 작명하는 것이 좋아요. 이 책에서는 변수명이 길어져 코드가 복잡해 보일 수 있어, 일부 변수는 s, n과 같은 간단한 이름을 사용했어요.

```
class bicycle:
    color = 'yellow'
    wheel = 2
    speed = 'normal'
    gear = 3

    def changeSpeed(self, s):
        print('changeSpeed 호출')
        self.speed = s

    def changeGear(self, n):
        print('changeGear 호출')
        self.gear = n
```

변수를 정의하는
부분이에요.

메소드를 정의하는
부분이에요.

클래스에 포함된 변수와
메소드는 들여쓰기를
해줘야 해요.

그럼, 코드를 한 줄 한 줄 이해해볼까요?

class bicycle: 　color = 'yellow' 　wheel = 2 　speed = 'normal' 　gear = 3	클래스 이름을 bicycle이라고 정할게 　자전거 색은 노란색이야 　바퀴는 2개이고 　속도는 보통이야 　기어는 3단이지
def changeSpeed(self, s): 　　print('changeSpeed 호출') 　　self.speed = s	속도를 변경하는 메소드를 정의할게 　'changeSpeed 호출'이라고 출력해줘 　입력값 s를 speed 변수에 담아줘 　코드 블록이 끝났으니 원래 위치로 돌아가
def changeGear(self, n): 　　print('changeGear 호출') 　　self.gear = n	기어를 변경하는 함수를 정의할게 　'changeGear 호출'이라고 출력해줘 　입력값 n을 gear 변수에 담아줘 　코드 블록이 끝났으니 원래 위치로 돌아가

　　　　　　　　　　　　　　　　11장. 홍길동처럼 분신을 만드는 클래스

여기서 한 가지 중요한 용어가 있다는 사실. 클래스 안에 있는 정의된 변수는 '멤버 변수'라고 하고요. 클래스 안에 있는 정의된 멤버 함수는 '메소드'라고 합니다.

```
class bicycle:
    color = 'yellow'
    wheel = 2
    speed = 'normal'
    gear = 3
```

클래스 안에 있는 변수를 특별히 '멤버 변수'라고 불러요.

```
    def changeSpeed(self, s):
        print('changeSpeed 호출')
        self.speed = s

    def changeGear(self, n):
        print('changeGear 호출')
        self.gear = n
```

클래스 안에 있는 함수를 특별히 '메소드'라고 불러요.

코드에 대해 조금 더 살펴볼게요. 코드를 보니 지금까지 못 봤던 self라는 단어가 눈에 띄네요. 'self'는 클래스 자신을 말해요. 클래스 안에 있는 메소드가 color, wheel 등과 같은 멤버 변수를 사용하려면 메소드의 인자(입력값)에 self를 써줘야 해요. '클래스 자신을 입력값으로 넣어줘'라는 의미랍니다.

메소드를 정의한다는표시
↓

메소드 내부에서 멤버 변수를 사용하고 싶으면
인자에 self를 써줘야 해요.
↙

```
def changeSpeed(self, s):
    print('changeSpeed 호출')
    self.speed = s  ← 멤버 변수를 사용하려면 self를 써줘야 해요.

def changeGear(self, n):
    print('changeGear 호출')
    self.gear = n
```
↖
코드 블록이 끝났으니 메소드를 호출한 위치로 되돌아가요.
아무것도 없으니 반환값 없이 빈손으로 돌아가야겠네요.

코드 블록이 끝나면 메소드는 호출한 위치로 돌아가요. return n
이라고 작성하면 n이라는 변수를 반환해주겠지만, 지금은 아무것도
없으니 반환값 없이 빈손으로 돌아가야 해요.

 여기서 잠깐!

'인자'는 argument를 번역한 말인데요. 무엇의 원인이 되는 요소를 의미해
요. 메소드에 입력값으로 들어가면서 메소드가 동작하는 원인을 제공하기
때문에 '인자'가 된 것이죠. argument를 번역하면 '논쟁'이라는 의미이지
만, 코딩에서는 그런 의미로 사용되지 않습니다. 인자라는 말 대신 영어로
아규먼트(argument)라고 부르기도 해요.

11장. 홍길동처럼 분신을 만드는 클래스

객체 생성
Object Construction

지금까지 설계도 역할을 하는 클래스를 만들었어요. 자전거 설계도만 있으면 조금만 변형해서 다양한 자전거를 만들 수 있답니다. 이렇게 만든 자전거를 '객체'라고 해요.

객체를 만드는 방법은 간단합니다. myBicycle=bicycle( ) 한 줄이면 되거든요. 이 한 줄이면 홍길동이 분신을 만들 듯 자전거를 만들 수 있어요. 이 객체의 이름을 myBicycle이라고 지어주겠습니다.

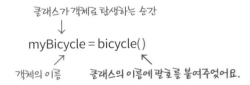

myBicycle 객체는 bicycle 클래스의 변수와 메소드를 그대로 사용할 수 있습니다.

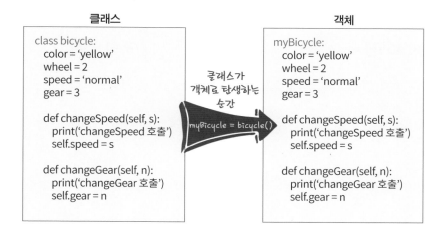

클래스   객체

```
class bicycle:               myBicycle:
    color = 'yellow'            color = 'yellow'
    wheel = 2                   wheel = 2
    speed = 'normal'           speed = 'normal'
    gear = 3                    gear = 3

    def changeSpeed(self, s):   def changeSpeed(self, s):
        print('changeSpeed 호출')     print('changeSpeed 호출')
        self.speed = s              self.speed = s

    def changeGear(self, n):    def changeGear(self, n):
        print('changeGear 호출')     print('changeGear 호출')
        self.gear = n               self.gear = n
```

클래스가 객체로 탄생하는 순간
myBicycle = bicycle()

파이썬 에디터로 작성한 클래스와 객체입니다.

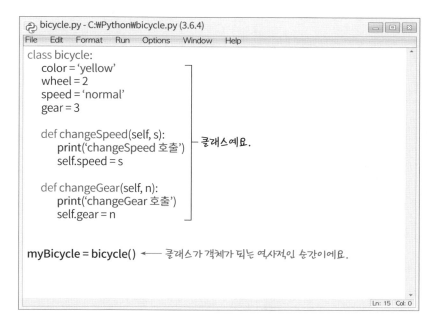

```
bicycle.py - C:\Python\bicycle.py (3.6.4)
File  Edit  Format  Run  Options  Window  Help
class bicycle:
    color = 'yellow'
    wheel = 2
    speed = 'normal'
    gear = 3

    def changeSpeed(self, s):           클래스예요.
        print('changeSpeed 호출')
        self.speed = s

    def changeGear(self, n):
        print('changeGear 호출')
        self.gear = n

myBicycle = bicycle()   ← 클래스가 객체가 되는 역사적인 순간이에요.

                                                        Ln: 15  Col: 0
```

객체를 '인스턴스(instance)'라고 해요. 인스턴스는 '사례, 경우'라는 뜻인데요. 설계 도면이 실제 사례가 된다는 의미로 사용한 것이죠.

11장. 홍길동처럼 분신을 만드는 클래스

클래스(설계 도면)를 실제 사례로 만드는 과정을 '인스턴스화'라고 해요. 코딩의 세계에서는 인스턴스라는 말을 꽤나 자주 사용한답니다.

객체와 인스턴스
Object and Instance

아래와 같이 객체를 생성하는 코드를 두 번 작성하면 객체가 두 개 생깁니다. 프로그램을 실행하면 하드디스크에 저장된 프로그램이 메모리에 올라가는데요. 이렇게 코드를 두 줄 작성하면 메모리에 두 개의 인스턴스(객체)가 올라갑니다. 홍길동의 분신이 2개가 생겨난 셈이지요.

```
myBicycle1 = bicycle( )
myBicycle2 = bicycle( )
```

객체가 2개 생성되면 myBicycle1과 myBicycle2의 속성과 행동을 각각 다르게 바꿀 수 있어요. 현재 myBicycle1과 myBicycle2의 gear 변수에는 모두 3이 담겨 있어요. 두 자전거 기어가 3단이라는 의미로 변수에 3을 할당한 거예요.

myBicycle1의 기어를 1단, myBicycle2의 기어를 2단로 바꾸고 싶

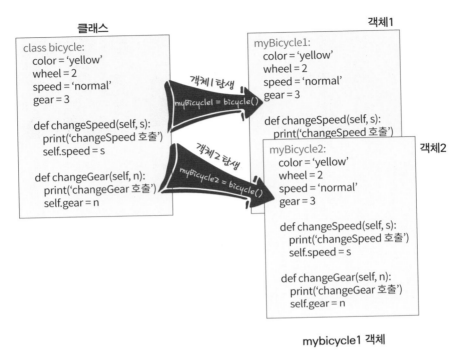

클래스

```
class bicycle:
    color = 'yellow'
    wheel = 2
    speed = 'normal'
    gear = 3

    def changeSpeed(self, s):
        print('changeSpeed 호출')
        self.speed = s

    def changeGear(self, n):
        print('changeGear 호출')
        self.gear = n
```

객체1 탄생

myBicycle1 = bicycle()

객체2 탄생

myBicycle2 = bicycle()

객체1

```
myBicycle1:
    color = 'yellow'
    wheel = 2
    speed = 'normal'
    gear = 3

    def changeSpeed(self, s):
        print('changeSpeed 호출')
```

객체2

```
myBicycle2:
    color = 'yellow'
    wheel = 2
    speed = 'normal'
    gear = 3

    def changeSpeed(self, s):
        print('changeSpeed 호출')
        self.speed = s

    def changeGear(self, n):
        print('changeGear 호출')
        self.gear = n
```

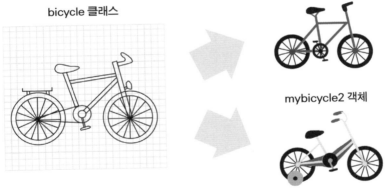

bicycle 클래스

mybicycle1 객체

mybicycle2 객체

다면 다음 코드와 같이 작성하면 됩니다.

```
myBicycle1.gear = 1

myBicycle2.gear = 2
```

이 코드를 아래 그림에서 ①과 ②에 추가했고요. ③과 ④에 두 객체의 gear 변수를 출력하는 코드를 추가했어요.

코드를 실행하니 아래와 같이 1과 2가 순서대로 출력됩니다.

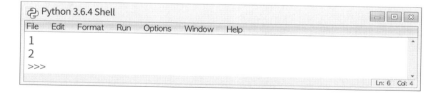

2명의 홍길동 분신이 옷도 다르게 입고 행동도 다르게 할 수 있는 것처럼 2개의 객체도 메소드와 변수를 제각각 다르게 사용할 수 있어요.

11장. 홍길동처럼 분신을 만드는 클래스

객체 멤버 변수
Member Variable

객체의 속성을 알고 싶으면 어떻게 해야 할까요? 이럴 때는 객체의 변수에 저장된 값을 확인하면 된답니다. 객체에 속한 변수가 있으면 점(.)으로 이어주면 돼요. 코딩에서 점은 둘의 관계를 알려주는 소중한 표시예요.

myBicycle 안에 있는 변수 color
↙
myBicycle.color
객체   변수

◆ 변수에 담긴 값을 보통 '변수에 할당된 값'이라고 해요. 이 책에서는 어려운 표현을 피하기 위해 '할당'이라는 말을 사용하고 있지 않습니다.

그럼 myBicycle의 color 변수에 어떤 값◆이 들어 있는지 한번 출력해볼까요? 출력을 위해 print( ) 함수를 사용하면 돼요.

print(myBicycle.color)

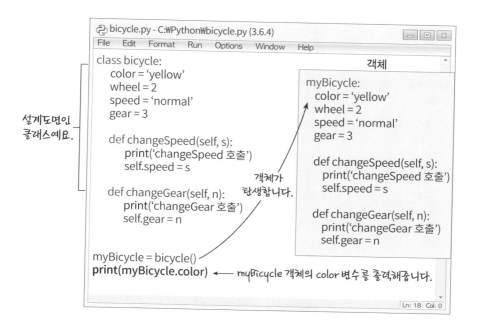

```
bicycle.py - C:₩Python₩bicycle.py (3.6.4)
File   Edit   Format   Run   Options   Window   Help

class bicycle:                                              객체
    color = 'yellow'
    wheel = 2                              myBicycle:
    speed = 'normal'                           color = 'yellow'
    gear = 3                                   wheel = 2
                                               speed = 'normal'
    def changeSpeed(self, s):                  gear = 3
        print('changeSpeed 호출')
        self.speed = s                         def changeSpeed(self, s):
                                                   print('changeSpeed 호출')
    def changeGear(self, n):                       self.speed = s
        print('changeGear 호출')
        self.gear = n                          def changeGear(self, n):
                                                   print('changeGear 호출')
                                                   self.gear = n
    myBicycle = bicycle()
    print(myBicycle.color)
                                                              Ln: 18   Col: 0
```

설계도면인 클래스예요.

객체가 탄생합니다.

myBicycle 객체의 color 변수를 출력해줍니다.

myBicycle.color 변수에는 'yellow'라는 문자열이 담겨 있어요. 이 변수를 print( ) 함수의 괄호에 넣어주면 모니터에 짠하고 나타난답니다.

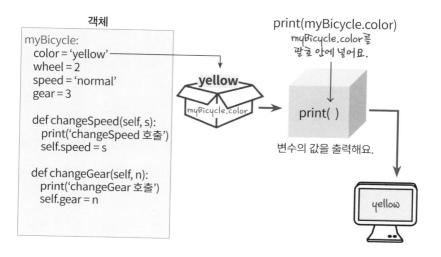

11장. 홍길동처럼 분신을 만드는 클래스

코드를 실행하니 아래와 같이 yellow라는 결과가 출력되네요.

그럼 자전거 색을 노란색에서 붉은색으로 바꿔볼까요? color 변수에 들어 있는 'yellow'를 'red'로 바꾸면 된답니다.

myBicycle.color에 red를 담아줘!
↓
myBicycle.color = 'red'

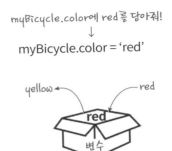

그리고 모니터에 출력하기 위해, 아래 코드를 추가했어요.

print(myBicycle.color)

223쪽 코드에서 ①번 코드를 실행하면 'yellow'가 출력돼요. 그리고 ②번 코드가 실행되면 myBicycle.color 변수에 'red'가 담깁니다. 그리고 ③번 코드를 실행하면 'red'가 출력되지요.

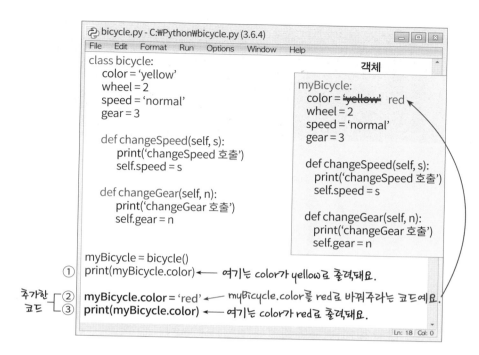

```
bicycle.py - C:\Python\bicycle.py (3.6.4)
File   Edit   Format   Run   Options   Window   Help

class bicycle:                                              객체
    color = 'yellow'
    wheel = 2                                  myBicycle:
    speed = 'normal'                               color = yellow  red
    gear = 3                                       wheel = 2
                                                   speed = 'normal'
    def changeSpeed(self, s):                      gear = 3
        print('changeSpeed 호출')
        self.speed = s                             def changeSpeed(self, s):
                                                       print('changeSpeed 호출')
    def changeGear(self, n):                           self.speed = s
        print('changeGear 호출')
        self.gear = n                              def changeGear(self, n):
                                                       print('changeGear 호출')
                                                       self.gear = n
myBicycle = bicycle()
① print(myBicycle.color)  ← 여기는 color가 yellow로 출력돼요.

추가한 ② myBicycle.color = 'red'  ← myBicycle.color를 red로 바꿔주라는 코드예요.
코드  ③ print(myBicycle.color)  ← 여기는 color가 red로 출력돼요.

                                                                    Ln: 18  Col: 0
```

색이 정말 바뀌었는지 코드를 실행해보겠습니다. 짜잔! yellow와 red가 순서대로 출력되네요.

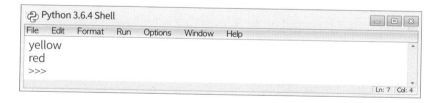

```
Python 3.6.4 Shell
File   Edit   Format   Run   Options   Window   Help

yellow
red
>>>

                                                                    Ln: 7  Col: 4
```

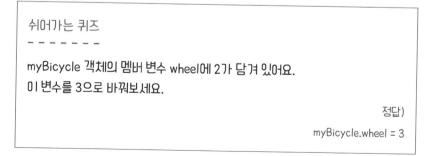

쉬어가는 퀴즈
- - - - - - -

myBicycle 객체의 멤버 변수 wheel에 2가 담겨 있어요.
이 변수를 3으로 바꿔보세요.

정답)
myBicycle.wheel = 3

11장. 홍길동처럼 분신을 만드는 클래스

객체 메소드
Method

방금 전까지 객체의 변수를 바꿔봤는데요. 이제는 자전거의 행동을 바꾸려고 해요. 변수를 바꾸는 방법과 마찬가지로 '메소드야! 이것 좀 해줘'라고 호출하면 객체의 행동을 바꿀 수 있어요.

bicycle 클래스에는 아래와 같이 두 가지 메소드가 있어요.

```
def changeSpeed(self, s)  ← 속도를 바꾸는 메소드예요.
    print('changeSpeed 호출')
    self.speed = s

def changeGear(self, n)  ← 기어를 바꾸는 메소드예요.
    print('changeGear 호출')
    self.gear = n
```

◆ changeSpeed( )에는 두 인자 (self, s)가 있어요. 첫 번째 인자 (self)는 알아서 전달되기 때문에 호출할 때 사용하지 않습니다. 두 번째 인자만 써주면 된답니다.

changeSpeed( )◆ 메소드를 이용해서 자전거의 속도를 바꾸고 싶어요. 이럴 때는 '객체명.메소드'의 형식으로 메소드를 호출하면 됩니다. myBicycle.changeSpeed('high')와 같이 코드를 작성하면 "changeSpeed 메소드야! 속도 좀 변경해줘"라고 호출하는 것이지요.

다음은 메소드를 정의하는 코드와 호출하는 코드입니다.

메소드를 정의하는 코드

② def changeSpeed(self, s): ← 메소드가 실행되면서 'high'를 s 변수에 담아요.
③   print('changeSpeed 호출'): ← 'changeSpeed 호출'이라고 출력해줘요.
④   self.speed = s ← s의 값을 멤버 변수인 speed에 담아요. 코드 블록이 끝나서
        ...   메소드를 호출한 원래 위치인 ①로 되돌아갑니다.

메소드를 호출하는 코드

① myBicycle.changeSpeed('high') ← 'high'를 인자로 건네주면서 메소드를 호출해
                                      요. myBicycle.changeSpeed('high')에서
                                      self는 안 써줘도 돼요.

위 코드에서 ①번 myBicycle.changeSpeed('high')를 호출하면, changeSpeed 메소드의 s 변수에 'high'가 담겨 전달됩니다(②). 그리고 print( ) 함수가 호출된 후(③), self.speed 변수에 'high'가 담깁니다(④). 코드 블록이 끝이 났기 때문에 메소드를 호출한 위치로 되돌아가요.

어떻게 speed가 변경되는지 확인해볼까요? 메소드를 호출하기 전과 호출한 후를 비교하기 위해 print( ) 함수를 추가했어요.

11장. 홍길동처럼 분신을 만드는 클래스

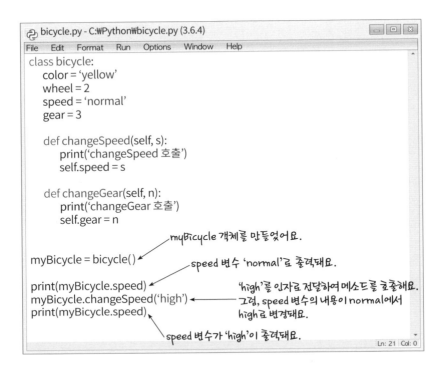

```
bicycle.py - C:\Python\bicycle.py (3.6.4)
File   Edit   Format   Run   Options   Window   Help
class bicycle:
    color = 'yellow'
    wheel = 2
    speed = 'normal'
    gear = 3

    def changeSpeed(self, s):
        print('changeSpeed 호출')
        self.speed = s

    def changeGear(self, n):
        print('changeGear 호출')
        self.gear = n
                                      myBicycle 객체를 만들었어요.
myBicycle = bicycle()
                                      speed 변수 'normal'로 출력돼요.
print(myBicycle.speed)
                                      'high'를 인자로 전달하여 메소드를 호출해요.
myBicycle.changeSpeed('high')        그럼, speed 변수의 내용이 normal에서
print(myBicycle.speed)                high로 변경돼요.

                                      speed 변수가 'high'이 출력돼요.
                                                              Ln: 21  Col: 0
```

Run Module을 실행하니 아래와 같이 결과가 출력됩니다.

```
Python 3.6.4 Shell
File   Edit   Format   Run   Options   Window   Help
normal
changeSpeed 호출
high
>>>
                                                              Ln: 8  Col: 4
```

코딩을 통해서 문제 해결 능력을 키우자!

changeSpeed 메소드에 self를 사용하지 않으면 어떻게 될까요? 아래와 같이 self를 빼고 이 코드를 실행해볼게요.

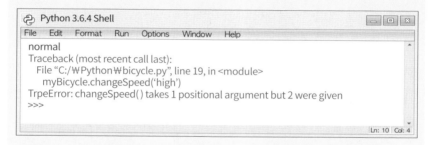

self를 뺐어요.
↓
def changeSpeed(s)

으앗! 코드를 실행하니 아래와 같은 오류 메시지가 출력되네요. normal이 출력된 것을 보니 print(myBicycle.speed)까지는 실행된 것 같습니다. 아마 myBicycle.changeSpeed('high')에서 오류가 난 것 같은데요. 오류 내용을 보니, 'TypeError: changeSpeed() takes 1 positional argument but 2 were given'라고 쓰여 있군요. 아하! changeSpeed는 2개의 인자(argument)가 필요한데요. 1개만 있다는 의미군요.

```
normal
Traceback (most recent call last):
    File "C:/\Python\bicycle.py", line 19, in <module>
       myBicycle.changeSpeed('high')
TrpeError: changeSpeed( ) takes 1 positional argument but 2 were given
>>>
```

그러므로 결론은 메소드의 첫 번째 인수에는 'self'를 추가해야 한답니다.

11장. 홍길동처럼 분신을 만드는 클래스

하루를 시작할 때 맨 처음으로 정해야 하는 일이 있어요. 예를 들어 선생님은 아침에 학교에 도착하자마자 칠판에 오늘의 날짜를 바꿔 적습니다. 그리고 아침에 학생들이 몇 명이나 등교했는지 체크해야 하죠. 컴퓨터의 경우에도 부팅을 하면 부품들이 잘 연결되어 있는지를 체크해요. 이렇게 일을 시작하는 초기에 무엇인가를 체크하거나 정하는 과정을 '초기화'라고 해요. 객체를 만들 때도 변수의 값 등을 정해야 하는데요. 초기에 변수의 값을 정한다고 해서 '초기값' 혹은 'default value'라고 해요.

객체의 초기값을 정하기 위해 생성자(constructor)를 사용해요. 이 생성자는 메소드와 비슷하게 생겼는데요. 이름은 조금 달라요. 바로 __init__ 입니다. 객체가 만들어지는 시기에 무언가를 초기화(initialization)하기 위해 호출되는 메소드라 'init'라는 이름이 붙었어요. 그리고 객체를 생성할 때 호출되는 메소드라는 의미로 우리말로 '생성자', 영어로 'constructor'라고 불러요.

그럼 연습을 한번 해볼까요? 자전거 객체를 생성할 때 자전거 색을 검정색으로 정하고, 기어를 2단으로 정하고 싶으면 아래와 같이 코드를 작성하면 돼요.

① def __init__(self, c, n):
　　　self.color = c　　　　← 객체를 생성할 때 초기화하는 메소드예요.
　　　self.gear = n　　　　　'생성자'라고 불러요.

이 생성자가 호출되도록 하려면 다음처럼 코드를 작성해야 해요.

② myBicycle = bicycle('black', 2)　←　객체를 생성하는 코드예요.
　　　　　　　　　　　　　　　　　　'black', 2를 인자로 넘겨주고 있어요.

아래는 생성자를 추가한 모습이에요. myBicycle=bicycle('black', 2)를 작성하면 객체가 생성되는데요(②번 코드). 이때 __init__ 생성자가 자동으로 호출되고(①), 'black'과 2가 인자로 전달돼요.

```
bicycle.py - C:\Python\bicycle.py (3.6.4)
File  Edit  Format  Run  Options  Window  Help

class bicycle:
    color = 'yellow'
    wheel = 2
    speed = 'normal'
    gear = 3

    def __init__(self, c, n):        ← 객체가 만들어질 때맨 처음 불려지는 메소드예요.
        self.color = c
        self.gear = n

    def changeSpeed(self, s):
        print('changeSpeed 호출')
        self.speed = s

    def changeGear(self, n):
        print('changeGear 호출')
        self.gear = n

myBicycle = bicycle('black' 2)        ← 객체가 만들어지는 역사적인 순간!
                                        이때 __init__ 생성자가 자동으로 호출돼요.
                                        여기서는 'balck'과 2를 인자로 넘겨줘요.
```

Ln: 20 Col: 0

　　　　　　　　　　　　　　　11장. 홍길동처럼 분신을 만드는 클래스

그럼 아래와 같이 print 함수를 추가해서 자전거 색과 기어가 어떻게 변경되었는지 살펴볼까요?

③ print(myBicycle.color)
④ print(myBicycle.gear)

코드를 실행하니 아래와 같이 자전거 색은 'black'으로, 기어는 2라고 출력됩니다. 객체를 생성할 때 인자로 'black'과 2를 넘겨줬고, self.color와 self.gear 변수에 담겨 이런 결과가 나오는 거예요.

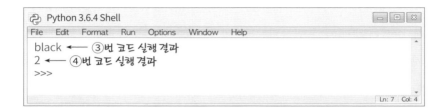

여기서 잠깐!

이제는 객체를 생성할 때 myBicycle=bicycle()라고 사용할 수 없어요.
_ _init_ _(self, c, n)에서 2개의 인자를 사용하도록 생성자를 새롭게 정의했기 때문입니다. 만약 myBicycle=bicycle()라고 코드를 작성하면 아래와 같은 오류 메시지가 출력됩니다.

TypeError: _ _init_ _() missing 2 required positional arguments: 'c', 'n'

이 오류는 '인자를 2개 작성해야 해요'라는 의미입니다.

상속
Inheritance

객체 지향 프로그래밍은 장점이 아주 많은 개발 방법론이에요. 파이썬뿐 아니라 자바, C#, 루비 등에서도 이 방법을 사용하는데, 다 이유가 있지요. 여러 장점 중 하나가 바로 '상속'인데요. 상속은 부모님한테서 재산이나 가업을 물려받을 때 사용하는 말입니다. 객체 지향 프로그래밍에서도 부모가 자식에게 물려주는 상속의 개념이 있어요. 코딩에서는 상속을 통해 하나의 클래스가 다른 클래스로부터 멤버 변수와 메소드를 물려받을 수 있습니다. 상속을 하는 클래스를 '부모 클래스'라 하고요. 상속을 받는 클래스는 '자식 클래스'라고 해요.

부모와 자식 클래스의 관계

11장. 홍길동처럼 분신을 만드는 클래스

자식 클래스가 상속받는 방법

클래스를 상속받는 방법은 간단해요. 클래스를 정의할 때 부모 클래스 이름만 적어주면 되거든요.

부모 클래스 이름
↓

① class childBicycle(bicycle)
　　print('저는 bicycle을 물려받은 자식 클래스예요')

그러면 부모 클래스의 멤버 변수와 메소드를 모두 물려받게 된답니다. ① childBicycle 클래스는 부모 클래스인 bicycle 클래스를 상속받는 자식 클래스예요. childBicycle은 bicycle 클래스의 멤버 변수, 메소드를 모두 사용할 수 있어요.

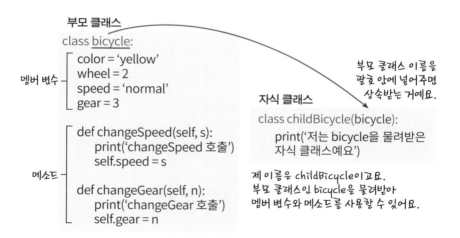

파이썬 에디터에서 본 코드는 아래와 같답니다.

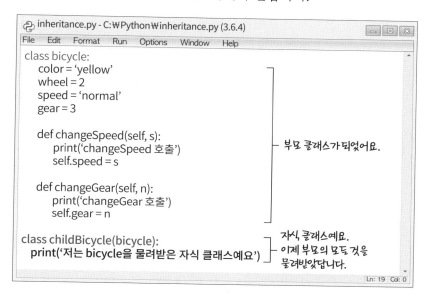

```
class bicycle:
    color = 'yellow'
    wheel = 2
    speed = 'normal'
    gear = 3

    def changeSpeed(self, s):
        print('changeSpeed 호출')
        self.speed = s

    def changeGear(self, n):
        print('changeGear 호출')
        self.gear = n

class childBicycle(bicycle):
    print('저는 bicycle을 물려받은 자식 클래스예요')
```

부모 클래스가 되었어요.

자식 클래스예요.
이제 부모의 모든 것을
물려받았습니다.

자식 클래스는 부모의 모든 것을 물려받기 때문에, 자식 클래스 내부에서 부모 클래스의 멤버 변수와 메소드를 사용할 수 있어요.

그럼 어떻게 동작하는지 한번 살펴볼까요? childBicycle 클래스는 부모 클래스로부터 멤버 변수와 메소드를 상속받는 금수저 자식 클래스랍니다. childBicycle 클래스를 객체로 만들 건데요. 객체의 이름은 childBicycle1랍니다.

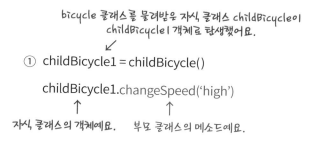

bicycle 클래스를 물려받은 자식 클래스 childBicycle이
childBicycle1 객체로 탄생했어요.

① childBicycle1 = childBicycle()

childBicycle1.changeSpeed('high')

자식 클래스의 객체예요.   부모 클래스의 메소드예요.

11장. 홍길동처럼 분신을 만드는 클래스

이 객체가 부모 클래스의 메소드를 사용하려면 '객체.메소드' 같은
형식으로 점(.)으로 연결만 해주면 돼요. 코드 한 줄 한 줄을 살펴봅시다.

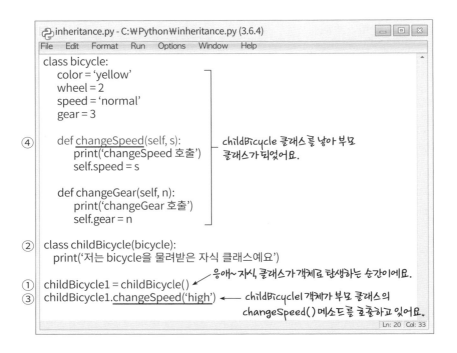

우선 ①childBicycle1=childBicycle( )은 자식 클래스가 객체로
생성되는 코드예요. 홍길동 분신처럼 말이에요. 객체가 생성되는 순
간 ②번 코드가 실행됩니다. childBicycle 클래스를 정의할 때, bi-
cycle을 인자로 작성하여 부모 클래스를 지정했기 때문에 childBi-
cycle1 객체도 부모 클래스 bicycle의 변수와 메소드를 사용할 수
있게 됩니다.

부모 클래스

② class childBicycle(bicycle):
    print('저는 bicycle을 물려받은 자식 클래스예요')

그다음 ③ childBicycle1.changeSpeed('high')가 실행되면서 ④ 메소드를 실행해준답니다. ③번 코드는 자식 클래스가 부모 클래스의 메소드(changeSpeed('high'))를 사용하는 코드랍니다.

④
```
def changeSpeed(self, s):
    print('changeSpeed 호출')
    self.speed = s
```

이 코드를 실행하면 아래와 같이 출력돼요.

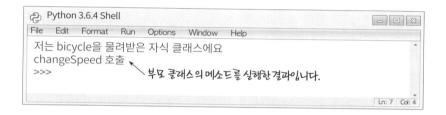

___

✋ 여기서 잠깐!

객체 지향 프로그래밍은 클래스를 다양한 형태로 사용할 수 있게 해주므로 '다형성'을 가졌다고 한답니다. 자식 클래스가 부모 클래스의 멤버 변수와 메소드를 재사용할 수 있으니, 코드를 체계적으로 활용할 수 있고, 중복된 코드를 줄일 수 있게 되는 등 여러 모로 장점이 많답니다. 다양한 프로그래밍 언어에서 괜히 객체 지향 프로그래밍을 적용한 게 아니거든요.

자식 클래스에 메소드를 추가해봅시다

자식 클래스도 자신만의 메소드를 추가할 수 있어요. 자식 클래스는 부모 클래스의 메소드(changeSpeed()와 changeGear())를 상속받을 수 있고, 자신만의 메소드도 정의할 수 있으니 기능이 더욱 강력해

부모 클래스
bicycle 클래스

changeSpeed( )
changeGear( )

자식 클래스

childBicycle 클래스   자식 클래스1   자식 클래스2

changeColor( )

자식,
클래스에서
정의한
메소드

자식, 클래스는 부모의 클래스로부터 메소드를 상속받을 수 있지만,
자신만의 메소드(changeColor( ))도 정의할 수 있어요.

지겠네요. 그럼, 자식 클래스에 changeColor( ) 메소드를 정의해보겠습니다. 자식 클래스의 changeColor( ) 메소드는 다음과 같이 작성할 수 있어요. 이 메소드는 'changeColor 호출'이라고 화면에 출력해주고, 부모 클래스의 color 멤버 변수의 값을 바꿔주는 코드예요.

클래스의 메소드는 첫 번째 인자에 self를 써줘야 해요.
나 자신을 인자로 전달해주는 거예요.

```
def changeColor(self, c):
    print('changeColor 호출')
    super.color = c
```

부모 클래스를 가리켜요.

부모 클래스의 color 변수를 c 변수에 담긴 값으로 바꿔줍니다.
부모 클래스의 멤버 변수임을 표시하기 super를 사용해요.

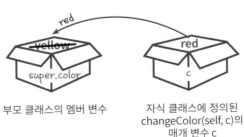

red

yellow   red

super.color   c

부모 클래스의 멤버 변수   자식 클래스에 정의된
changeColor(self, c)의
매개 변수 c

오버로딩
Overloading

코딩의 세계에서는 메소드 이름이 같더라도 인자의 개수가 다르
면 다른 종류의 메소드라고 생각해요. 파이썬에서도 메소드 이름은
동일하게 하고 인자만 달리해서 메소드를 정의할 수 있는데요. 이런
방법의 메소드 정의를 '오버로딩(Overloading)'이라고 부릅니다. 파
이썬에서는 메소드 이름이 동일하지만 인자 개수가 다른 아래 메소드
를 모두 다른 메소드라고 생각해요.

```
changeColor(self)
changeColor(self, c)
changeColor(self, c1, c2)
```

사람들의 요구사항을 분석하다 보면 정말 다양하다는 것을 느낄
수 있어요. 좋아하는 자전거 색깔만 해도 사람마다 제각각인 것처럼
요. 어떤 사람은 한 가지 색으로 칠해진 자전거를 좋아하고, 또 어떤

사람은 세 가지 색으로 칠해진 화려한 자전거를 좋아하지요. 프로그램의 기능 하나를 만들더라도 다양한 사람들의 요구사항을 고려해야 하니, 메소드 오버로딩과 같은 개념이 필요하게 된 것이랍니다.

아래는 오버로딩을 위해 changeColor( ) 메소드를 정의한 코드입니다.

두 번째 인자는 없을 수도 있다는 의미예요.
↓
```
def changeColor(self, c = None):
    if c is not None:
        print('자전거 색깔: ' + c)      ①
    else:
        print('자전거 색깔: yellow')  ②
```

인자 c가 있으면 → if문이 참이 돼요.

인자 c가 없으면 → else문이 참이 돼요.

def changeColor(self, c=None)에서 c=None은 두 번째 인자가 있을 수도 있고, 없을 수도 있다는 표시입니다. 인자 c가 있으면 ①번 코드가 실행되고요. 인자 c가 없다면 ②번 코드가 실행되지요.

그럼 아래와 같이 두 가지 형태로 메소드를 호출할 수 있어요.

③ changeColor( )   ← 인자 없이 메소드를 호출해요.
④ changeColor('red') ← 인자 1개로 메소드를 호출해요.

오버라이딩
Overriding

    오버라이딩(overriding)이란 '다른 무엇보다 더 중요한'이라는 뜻의 영어 단어예요. 부모 클래스와 자식 클래스가 동일한 메소드가 있는 경우, 자식 클래스의 메소드를 부모 클래스보다 더 중요하게 처리해주는 것을 '오버라이딩'이라고 해요. 자식 이기는 부모 없듯이 자식 클래스의 메소드에게 우선권이 있는 것이죠.

    예를 들어 설명하면 이렇습니다. 부모 클래스(bicycle)가 있고요. childBicycle이 bicycle을 상속받아 자식 클래스가 되었어요. 부모 클래스와 자식 클래스에게 동일한 메소드가 있는데요(③, ④). 그것은 바로 changeSpeed( ) 메소드!

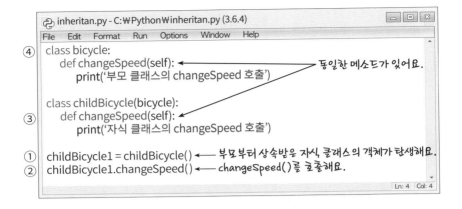

④ class bicycle:
    def changeSpeed(self):   ← 동일한 메소드가 있어요.
        print('부모 클래스의 changeSpeed 호출')

   class childBicycle(bicycle):
③   def changeSpeed(self):
        print('자식 클래스의 changeSpeed 호출')

① childBicycle1 = childBicycle()   ← 부모부터 상속받은 자식, 클래스의 객체가 탄생해요.
② childBicycle1.changeSpeed()   ← changeSpeed()를 호출해요.

① childBicycle1=childBicycle( )을 실행하면 childBicycle 클래스의 객체가 탄생해요. 이 객체는 bicycle의 changeSpeed( )를 상속받았는데요. 자식 클래스인 childBicycle에도 동일한 이름의 메소드가 있습니다. ② childBicycle1.changeSpeed( )를 실행하면 파이썬 인터프리터는 '어? 부모 클래스와 자식 클래스에 동일한 메소드가 있네'라고 생각하고, 자식 클래스의 메소드를 실행해준답니다. 이것이 바로 오버라이딩의 개념입니다. 부모 클래스에서 정의한 메소드를 자식 클래스에서 상속받아 변경해 사용하려고 할때 이 방법을 사용해요.

🖐 여기서 잠깐!

코딩을 처음 공부할 때 이런저런 복잡한 개념에 그만 겁을 먹고 맙니다. 코드 문법도 익숙하지 않은데 한자와 외래어로 된 용어(객체, 다형성, 모듈, 적재 등)들이 가득하니 그저 싫기만 합니다. 우리가 어렵다고 느끼는 건 익숙하지 않아서 생기는 두려움이지요. 코딩 한 줄 한 줄을 계속 이해하려고 노력하다 보면 어느새 코딩에 익숙해질 수 있어요.

클래스 변수와 인스턴스 변수
Class Variable vs Instance Veriable

클래스로 다양한 객체를 만들 수 있습니다. 이것이 객체 지향 프로그래밍의 특징이지요. 제각기 다른 객체의 속성과 행동을 표현하기 위해 객체들은 자기만의 변수와 메소드를 사용합니다.

bicycle1 객체

속성: 파란색 자전거
행동: 속도를 높여요.

bicycle2 객체

속성: 빨간색 자전거
행동: 속도를 낮춰요.

bicycle3 객체

속성: 녹색 자전거
행동: 멈췄어요.

객체마다 변수의 값(속성)이 다르고, 메소드(행동)가 달라요.

우리는 객체를 '인스턴스'라고 부르는데요. 객체들이 사용하는 변수를 '인스턴스 변수(Instance Veriable)'라고 해요. 프로그램을 만들다 보면 객체들이 변수를 서로 공유해야 할 때가 있습니다. 이때 사용하는 변수가 '클래스 변수(Class Variable)'예요.

11장. 홍길동처럼 분신을 만드는 클래스

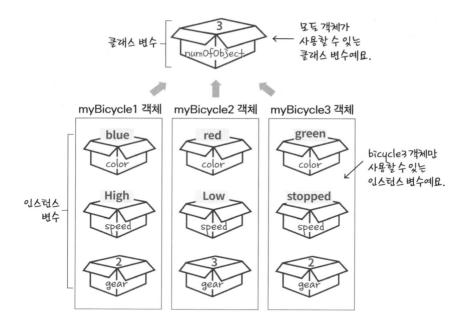

클래스 변수 — 3 numOfObject

모두 객체가
사용할 수 잇는
클래스 변수예요.

myBicycle1 객체   myBicycle2 객체   myBicycle3 객체

blue   color   red   color   green   color

bicycle3 객체만
사용할 수 잇는
인스턴스 변수예요.

인스턴스
변수

High   speed   Low   speed   stopped   speed

2   gear   3   gear   2   gear

클래스 변수는 생성자 혹은 메소드 밖에 작성하면 돼요. 보통 클래스가 시작되는 부분에서 클래스 변수를 정의해준답니다(①번 코드). 이 변수는 모든 객체가 함께 사용할 수 있는 공용 변수예요.

```
class bicycle:

①  numOfObject = 0

    def __init__(self, color, speed, gear):
        self.color = color
        self.speed = speed
        self.gear = gear
②      bicycle.numOfObject += 1
```

① numOfObject = 0 ← 이렇게 메소드 밖에 정의된 변수는
클래스 변수예요.

인스턴스
변수는 self를
붙어줘야
해요.

__init__()는 객체를 만들 때맨 먼저
호출되는 생성자예요. 생성자 안에 정의한
변수는 인스턴스 변수예요.

② 메소드 안에서 클래스 변수를 사용하는 방법이예요.
'클래스명.변수명'을 적어주세요.

인스턴스 변수는 __init__( ) 메소드에 작성해주는데요. self.color, self.speed, self.gear가 인스턴스 변수입니다. self가 붙으면 객체에서만 사용하는 변수가 돼요. 이 변수는 다른 객체가 사용할 수 없어요.

만약 메소드 안에서 공용 변수인 클래스 변수를 사용하고 싶다면, 클래스 이름을 붙여주면 됩니다. bicycle.numOfObject와 같이 '클래스명.변수명'을 적어주면 된답니다. 우리가 친구 이름을 부를 때 같은 반 친구는 반 구분 없이 '한지호', '정권우' 이렇게 부르잖아요. 하지만 다른 반 친구를 부를 때는 '5학년 2반 정서아', '4학년 5반 한연주'라는 식으로 부르는 것과 비슷해요.

② bicycle.numOfObject +=1이라는 특이한 코드가 있는데요. 이것은 bicycle.numOfObject 변수에 있는 값을 꺼내 1을 더한 다음 다시 이 변수에 담아주라는 의미예요. 아래와 같이 바꿔서 작성해도 동일해요.

bicycle.numOfObject = bicycle.numOfObject + 1

 여기서 잠깐!

인스턴스 변수와 클래스 변수를 헷갈리시면 아니되옵니다!
객체명.변수명(bicycle1.color)이라고 작성하면 객체(bicycle1)만 사용할 수 있는 인스턴스 변수이고요. 클래스명.변수명(bicycle.numOfObject)이라고 작성하면 모든 객체가 공유할 수 있는 클래스 변수가 된답니다.

11장. 홍길동처럼 분신을 만드는 클래스

그럼 먼저 클래스 변수가 어떻게 사용되는지 볼까요? 아래 코드에
서 ①번과 ⑥번 코드가 어떻게 동작하는지 살펴보겠습니다.

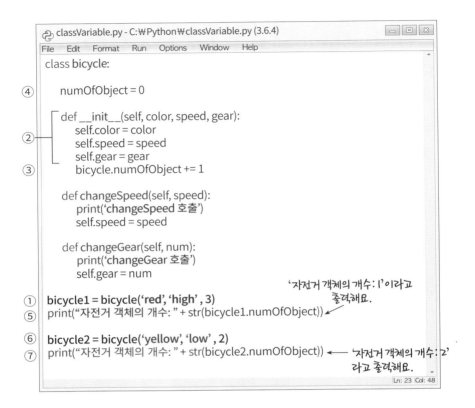

①번 코드를 실행하면 객체가 만들어지면서 ②번 생성자가 실행돼
요. 그러면 3개의 인스턴스 변수(color, speed, gear)에 'red', 'high', 3
이 담깁니다.

그런 다음 ③번 코드가 실행되어 클래스 변수 numOfObject에 1
을 더해서 다시 담아줍니다. 그러면 ④번의 numOfObject가 0에서 1
로 변경됩니다. 이 변수는 여러 객체가 데이터를 공유하는 '클래스 변
수'입니다.

그림으로 설명하면 다음과 같아요.

① bicycle1 = bicycle('red', 'high', 3)를 실행하면 ②번과 ③번 코드가 실행돼요.

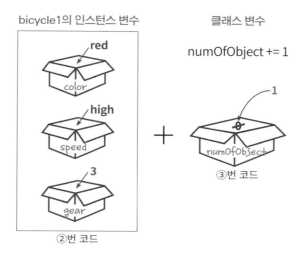

⑥ bicycle2 = bicycle('yellow', 'low', 2)를 실행하면 ②번과 ③번 코드가 실행돼요.

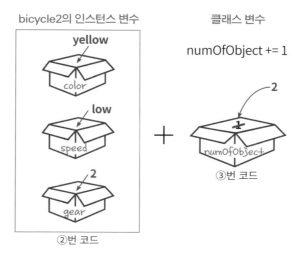

⑥번 코드도 마찬가지로 동일하게 실행돼요.

인스턴스 변수(color, speed, gear)에 'yellow', 'low', 2가 담기고요. 클래스 변수(numOfObject)에는 1이 담겨 있는 상태이므로 ③번 코드가 실행되면 변수가 2로 변경돼요.

bicycle1의 인스턴스 변수(color, speed, gear)와 bicycle2의 인스턴스 변수(color, speed, gear) 이름은 동일하지만 변수를 담는 상자가 별도로 존재합니다. 서로 다른 상자를 사용하기 때문에 서로에게 영향을 미치지 않아요. 반면 numOfObject는 클래스 변수이기 때문에 하나의 상자에 값이 저장되고, bicycle1과 bicycle2가 함께 사용할 수 있는 공용 변수예요.

프로그램을 실행하면 다음과 같은 결과가 출력됩니다. 클래스 변수인 numOfObject의 값을 출력한 결과입니다. bicycle1과 bicycle2가 공유하는 변수이기 때문에 numOfObject+=1이 실행될 때마다 변수가 1씩 증가합니다.

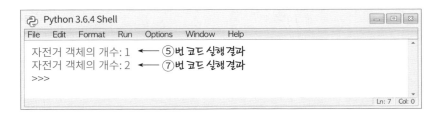

클래스 변수를 사용하니 객체들이 변수를 공유할 수 있는 코드를 작성할 수 있었어요.

여기서 잠깐!

만약 변수명에 클래스 이름도 안 붙이고 self도 안 붙였다면 지역 변수(local variable)로 생각합니다. 메소드 안에서만 사용할 수 있기 때문에 지역 변수(local variable)라고 부르는 거예요.

아래 코드를 보면 start() 메소드에 ①번 num이라는 지역 변수가 정의되었어요. 메소드 밖에서 ②번 print(num)를 실행하면 ③번처럼 오류가 출력됩니다. 'NameError: name 'num' is not defined' 지역 변수는 start() 메소드에서만 사용할 수 있거든요. ②번 코드에서는 num 변수를 모르는 상황이니, 오류 메시지로 'num이 정의되지 않았는데요'라고 반응을 보이는 거예요.

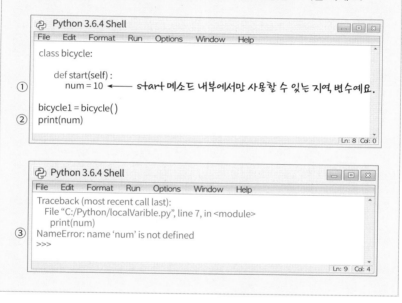

11장. 홍길동처럼 분신을 만드는 클래스

12장

코딩 도서관,
라이브러리

표준 라이브러리
Standard Library

파이썬을 설치하면 '표준 라이브러리'가 설치됩니다. 도서관의 책을 빌려다 볼 수 있는 것처럼 이 라이브러리에서 다양한 모듈을 제공합니다. 코딩을 손쉽게 할 수 있도록 돕는 코딩의 도서관이지요.

표준 라이브러리는 프로그래밍할 때 사용할 수 있는 방대한 자원(자료형, 모듈, 예외 처리 방법 등)을 제공하고 있어요. 파일을 읽고 쓰는 모듈뿐 아니라, 수학과 관련된 모듈, 압축하는 모듈, GUI(Graphical User Interface)를 개발하는 모듈 등 다양하게 제공하고 있습니다. 프로그래밍 과정에서 발생할 수 있는 문제들을 해결하는 '표준화된 방법'을 제공하고 있는데요. '표준◆'은 약속한 방법이나 절차를 의도할 때 사용해요. 여기서도 '표준화된 방법'이란 프로그래밍 세계에서 일반화되고 잘 알려진 문제 해결 방법을 말해요. 그래서 그냥 라이브러리가 아니고 '표준' 라이브러리라고 합니다.

◆ '표준'이란 어떤 일을 처리하기 위해 사람들이 약속한 결과예요. 우리나라에서는 교통 신호 체계가 표준화되어 있어 어느 지역을 가든지 신호 체계가 동일해요. 이처럼 IT 세계에서도 표준은 서로 다른 방식을 하나로 통일시키고, 효율적 업무 처리에 도움을 준답니다.

건전지를 포함해 게임기를 판매하듯 파이썬에는 "Battery Included"의 철학이 반영되어 있어요. 이것이 파이썬에서 다양한 라이브러리를 제공하는 이유이지요. 온라인 라이브러리(https://docs.python.org/3.6/library/)를 방문해보세요. 표준 라이브러리에서 제공하는 다양한 모듈에 대한 설명을 볼 수 있어요. 온라인에서 제공하는 설명이 그리 친절하지 않기 때문에 다양한 코딩책에서 파이썬 표준 라이브러리에 대한 설명을 예제와 함께 설명하고 있답니다.

자, 이제 본격적으로 파이썬의 표준 라이브러리를 볼까요? 아래 그림과 같이 다양한 모듈을 제공하고 있어요. 많은 내용을 당장 이해

파이썬 표준 라이브러리

- 1. Introduction
- 2. Built-in Functions
- 3. Built-in Constants
  - 3.1. Constants added by the site module
- 4. Built-in Types
  - 4.1. Truth Value Testing
  - 4.2. Boolean Operations — and, or, not
  - 4.3. Comparisons
  - 4.4. Numeric Types — int, float, complex
  - 4.5. Iterator Types
  - 4.6. Sequence Types — list, tuple, range
  - 4.7. Text Sequence Type — str
  - 4.8. Binary Sequence Types — bytes, bytearray, memoryview
  - 4.9. Set Types — set, frozenset
  - 4.10. Mapping Types — dict
  - 4.11. Context Manager Types
  - 4.12. Other Built-in Types
  - 4.13. Special Attributes
- 5. Built-in Exceptions
  - 5.1. Base classes
  - 5.2. Concrete exceptions
  - 5.3. Warnings
  - 5.4. Exception hierarchy
- 6. Text Processing Services
  - 6.1. string — Common string operations
  - 6.2. re — Regular expression operations
  - 6.3. difflib — Helpers for computing deltas
  - 6.4. textwrap — Text wrapping and filling
  - 6.5. unicodedata — Unicode Database
  - 6.6. stringprep — Internet String Preparation
  - 6.7. readline — GNU readline interface
  - 6.8. rlcompleter — Completion function for GNU readline
- 7. Binary Data Services
  - 7.1. struct — Interpret bytes as packed binary data
  - 7.2. codecs — Codec registry and base classes
- 8. Data Types

- 8.1. datetime — Basic date and time types
- 8.2. calendar — General calendar-related functions
- 8.3. collections — Container datatypes
- 8.4. collections.abc — Abstract Base Classes for Containers
- 8.5. heapq — Heap queue algorithm
- 8.6. bisect — Array bisection algorithm
- 8.7. array — Efficient arrays of numeric values
- 8.8. weakref — Weak references
- 8.9. types — Dynamic type creation and names for built-in types
- 8.10. copy — Shallow and deep copy operations
- 8.11. pprint — Data pretty printer
- 8.12. reprlib — Alternate repr() implementation
- 8.13. enum — Support for enumerations
- 9. Numeric and Mathematical Modules
  - 9.1. numbers — Numeric abstract base classes
  - 9.2. math — Mathematical functions
  - 9.3. cmath — Mathematical functions for complex numbers
  - 9.4. decimal — Decimal fixed point and floating point arithmetic
  - 9.5. fractions — Rational numbers
  - 9.6. random — Generate pseudo-random numbers
  - 9.7. statistics — Mathematical statistics functions
- 10. Functional Programming Modules
  - 10.1. itertools — Functions creating iterators for efficient looping
  - 10.2. functools — Higher-order functions and operations on callable objects
  - 10.3. operator — Standard operators as functions
- 11. File and Directory Access
  - 11.1. pathlib — Object-oriented filesystem paths
  - 11.2. os.path — Common pathname manipulations
  - 11.3. fileinput — Iterate over lines from multiple input streams
  - 11.4. stat — Interpreting stat() results
  - 11.5. filecmp — File and Directory Comparisons
  - 11.6. tempfile — Generate temporary files and directories
  - 11.7. glob — Unix style pathname pattern expansion

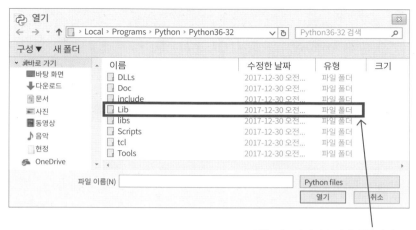

표준 라이브러리가 저장된 폴더예요.

할 필요는 없으니 걱정하지 마세요. 차근차근 배우면 되니까요.

파이썬이 설치되는 폴더에서 Lib라는 폴더가 표준 라이브러리가 저장된 위치예요. 여기에 우리가 사용할 수 있는 모듈들이 저장되어 있어요.

표준 라이브러리 체계
모듈.객체.메소드

표준 라이브러리의 세계를 탐방해보려고 합니다. 도서관에서 구역을 나누어 책을 종류별로 진열하는 것처럼 파이썬도 모듈, 객체, 메소드로 나누어 체계적으로 자원을 분류하고 있어요.

파이썬의 모듈, 객체, 메소드를 도서관과 비교해 설명할 수 있는데요. 도서관에서 하나의 구역은 파이썬의 '모듈'에 해당돼요. 이 구역에 꽂힌 책은 파이썬의 '객체'에 해당됩니다. 한 권의 책에 수백 장의 페이지가 있듯이, 객체에서는 여러 개의 메소드를 제공해요.

코드를 작성할 때 이들 모듈을 사용하려면, 모듈을 수입해야 합니다. 파이썬이나 자바 언어에서는 import라는 단어를 사용해 모듈을 수입하고 사용할 수 있어요.

코딩에서는 관계를 이어줄 때 점을 사용해요. '할아버지.아버지.나'라고 작성하면 할아버지와 나의 관계가 보이잖아요. 이렇게 '모듈.객체.메소드' 형식으로 작성하므로 메소드가 어떤 모듈에 속하는지 알 수 있어요. 프로그램을 개발하는 이유는 사용자가 원하는 다양

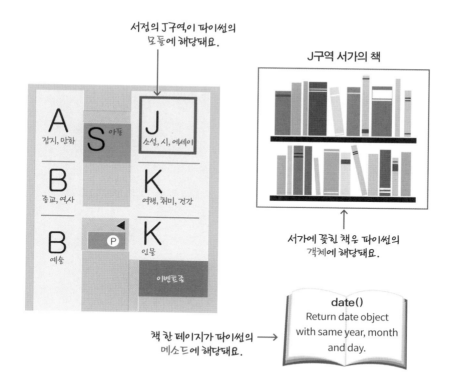

서점의 J구역이 파이썬의
모듈에 해당돼요.

J구역 서가의 책

서가에 꽂힌 책은 파이썬의
객체에 해당돼요.

책 한 페이지가 파이썬의
메소드에 해당돼요.

date()
Return date object
with same year, month
and day.

한 기능을 제공하기 위해서입니다. 어떤 기능은 복잡한 알고리즘을
구현해 제공하기도 하고, 복잡한 수식을 이용해 제공하기도 한답니
다. 프로그램을 만들 때 기본적으로 모듈의 메소드를 이용해 기능을
구현합니다. 이렇기 때문에 표준 라이브러리에서 메소드를 이해하고
활용하는 정도에 따라 코딩의 실력이 달라지기도 합니다. 파이썬 웹
사이트에서 제공하는 온라인 라이브러리 설명이 그리 친절하지 않다
보니 많은 개발자가 코딩책을 따로 구입해 메소드 사용법을 공부한답
니다.

파이썬은 객체 지향 프로그래밍이라고 설명드렸지요. 표준 라이

12장. 코딩 도서관, 라이브러리

브러리에는 객체를 중심으로 체계적으로 정리되어 있어요. 그래서 모

◆ 모듈 사용 방법은 13장에서
설명합니다.

듈◆ 안에 객체가 있고, 이 객체 안에 다양한 메

소드가 있습니다.

우리는 파이썬의 표준 라이브러리 말고도 전 세계 개발자들이 만든 라이브러리를 가져와 사용할 수 있어요. 파이썬에서 제공하는 라이브러리를 '표준 라이브러리'라고 하는데요. 제3자가 개발한 라이브러리를 '외부 라이브러리'라고 해요. '제3자'는 너와 나 외의 다른 사람인데요. 파이썬 개발자 그룹(Python Software Foundation)이 아닌 다른 개발자가 라이브러리를 만들었기 때문에 '3rd Party Library' 혹은 '외부 라이브러리'라고 해요.

파이썬은 정말 방대한 라이브러리를 지원하고 있어서 개발자들이 사랑하는 프로그래밍 언어예요. 인터넷을 통해 외부 라이브러리를 검색할 수도 있고요. 파이썬 외부 라이브러리를 모아놓은 PyPI(파이파이)라는 웹 사이트도 있어요. PyPI는 the Python Package Index의 약자로 파이썬 패키지◆를 모아놓은 '저장 곳간'이라고 생각하면 됩니다.

◆ 여러 개 모듈의 묶음을 '패키지(package)'라고 해요. 폴더에 여러 개 모듈을 모아놓으면 폴더가 '패키지'가 되죠. 라이브러리는 패키지나 모듈을 통틀어 부르는 말입니다.

257

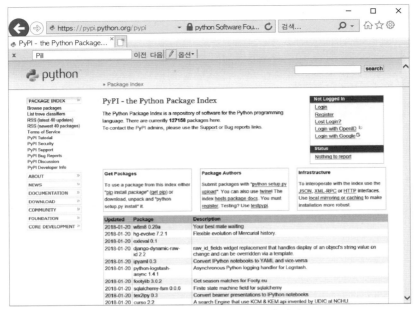

외부 라이브러리를 모아놓은 PyPI 웹 사이트

　　파이썬에는 PyPI 웹 사이트에서 라이브러리를 찾아 설치해주는
pip 응용 프로그램이 이미 포함되어 있어요.

파이썬의 pip 프로그램

　　원하는 라이브러리가 있다면, 윈도우 명령 프롬프트 창에서 아래
와 같이 명령어를 입력하고 엔터키를 누르면 됩니다. 그러면 외부 라

이브러리가 자동으로 설치됩니다. 보면 볼수록 파이썬은 개발자를 위해 정말 편하게 만들었다는 생각이 듭니다.

QR 코드를 설치하라는 명령어

외부 라이브러리 설치가 완료되면, 코드에서 import qrcode라고 작성만 해주면 됩니다.

 여기서 잠깐!

QR은 'Quick Response'의 약자로 스캐너로 바코드를 빠르게 읽을 수 있어야 한다는 '덴소 웨이브' 회사의 철학이 담긴 이름이에요. 그 당시 1차원 바코드가 담을 수 있는 글자가 영문 20자밖에 되지 않아 불편이 많았어요. 그래서 더 많은 정보를 담을 수 있는 2차원 바코드를 개발하게 되었죠. 2차원 바코드의 이름이 'QR 코드'입니다. 요즘에는 QR 코드가 정말 다양하게 활용되고 있어요. QR 코드를 스캔하면 웹 사이트로 연결되어 상품 정보를 확인하거나 이벤트 정보를 볼 수 있어요.

12장. 코딩 도서관, 라이브러리

API
(Application Programming Interface)

프로그램을 개발할 때 이미 잘 만들어진 라이브러리를 이용하면 수고를 한층 줄일 수 있어요. 라이브러리에서 제공하는 다양한 기능을 API(Application Programming Interface)를 통해 사용할 수 있는데요. 이런 이유로 코딩을 하다 보면 API라는 용어를 종종 접하게 됩니다. 아래 그림은 네이버가 개발자를 위해 제공하는 오픈 API 목록이에요.

네이버 오픈 API 목록

네이버 오픈 API 목록 및 안내입니다.

API명	설명	호출제한
검색	네이버블로그, 이미지, 웹, 뉴스, 백과사전, 책, 카페, 지식iN 등 검색	25,000회/일
지도(Web, Mobile)	네이버 지도 표시 및 주소 좌표 변환	20만/일
네이버 아이디로 로그인	외부 사이트에서 네이버 아이디로 로그인 기능 구현	없음
네이버 회원 프로필 조회	네이버 회원 이름, 닉네임, 이메일, 성별, 연령대, 프로필 조회	없음

인터넷 쇼핑몰에서 아래와 같이 네이버 아이디로 로그인하는 경우가 있는데요. 이것이 네이버 오픈 API를 활용한 예입니다. 네이버 아이디를 다른 웹 사이트에서 사용할 수 있도록 오픈 API를 제공하고 있어, 이 API를 활용한 웹 사이트에서는 별도로 회원 가입을 하지 않고 네이버 아이디를 사용할 수 있답니다.

API는 Application Programming Interface의 약자로, 어플리케이션 개발에 활용할 수 있도록 개발회사 등에서 제공하는 인터페이스예요. Interface는 inter와 face가 결합된 단어로 얼굴과 얼굴의 사이를 의미하는데요. 소프트웨어와 소프트웨어 사이를 연결해주는 지점을 말합니다.

자판기에서 사이다를 사기 위해 동전을 넣고 버튼을 누르면, 사이다가 쿵 하고 떨어지는데요. 여기서 이 버튼이 바로 인터페이스예요. 사람과 자판기 사이를 연결해주는 지점이기 때문이죠. 바탕화면의 아이콘도 인터페이스예요. 프로그램과 사람을 연결해주는 지점이기 때문입니다.

API도 라이브러리를 활용하는 지점을 제공해요. 자판기 버튼을 통해 원하는 음료수를 선택할 수 있는 것처럼 API를 통해 라이브러리를 이용할 수 있거든요.

라이브러리를 사용할 때 메소드 안의 코드까지 일일이 다 알 필요는 없습니다. 메소드 안의 코드를 공개하지 않는 경우도 많아요. 메소드 안의 코드를 모르더라도 메소드 이름과 인자만 알면 라이브러리를 충분히 활용할 수 있어요. 그래서 다음과 같이 API 설명에서 메소드 이름과 인자를 알려주고, 메소드의 기능을 설명해주고 있어요. 보통 아래와 같은 메소드 목록을 API라고 부릅니다.

9.2.5. Hyperbolic functions

Hyperbolic functions are analogs of trigonometric functions that are based on hyperbolas instead of circles.

math.**acosh**(x)
    Return the inverse hyperbolic cosine of x.

math.**asinh**(x)
    Return the inverse hyperbolic sine of x.

math.**atanh**(x)
    Return the inverse hyperbolic tangent of x.

math.**cosh**(x)
    Return the hyperbolic cosine of x.

math.**sinh**(x)
    Return the hyperbolic sine of x.

math.**tanh**(x)
    Return the hyperbolic tangent of x.

파이썬 웹 사이트의 API 설명

API 설명이 이렇게 무미건조하게 제공되기 때문에 처음에는 코딩 책으로 공부하다가 코딩에 능숙해지면 API 설명을 찾아본답니다.

코딩의 세계에서 '오픈'이라는 용어는 모든 사람에게 공개한다는 의미예요. '오픈 API'에서 오픈을 사용한 이유는 내가 개발한 기능을 다른 사람이 사용할 수 있도록 인터페이스를 공개하기 때문이지요. 전 세계 파이썬 개발자들이 자신이 개발한 모듈을 소스 코드 형태로 인터넷 웹 사이트에 공유하는데요. 이것을 '오픈 소스'라고 해요.

동적 링크 라이브러리
DLL(Dynamic Link Library)

컴퓨터를 사용하다 보면, 확장자가 DLL인 파일을 볼 때가 있어요. DLL은 Dynamic Link Library로 동적으로 링크되는 라이브러리입니다. 프로그램이 실행되다가 필요할 때만 호출되는 라이브러리죠. 도서관의 책을 필요할 때만 빌려와 보는 것처럼, 동적 링크 라이브러리도 필요할 때만 사용하는 라이브러리입니다.

파워포인트, 한글 같은 프로그램을 사용하다 보면 프린터로 인쇄를 하고 스캔도 할 일이 생기는데요. 컴퓨터에는 이들 장치를 움직이게 하는 소프트웨어가 설치되어 있어요. 이 소프트웨어를 '디바이스 드라이버(device driver)'라고 해요. 이 드라이버가 바로 '동적 링크 라이브러리'예요.

메모리 공간을 짜임새 있게 효율적으로 활용하기 위해 모든 프로그램을 한꺼번에 메모리에 올리지 않아요. 당장 실행에 필요한 프로그램만 메모리에 적재하죠. 한글 프로그램에서 '인쇄' 버튼을 누를 때만 디바이스 드라이버를 실행하면 되기 때문에 미리부터 메모리에 적재할 필요가 없어요.

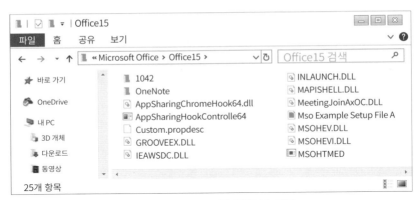

Microsoft office 폴더의 DLL 파일

    '링크'라는 말을 사용하는 이유는 파워포인트, 한글 같은 프로그램과 디바이스 드라이버 사이에 연결고리(링크)를 만들기 때문입니다. 파워포인트에서 '인쇄' 기능을 실행할 때 디바이스 드라이버가 메모리에 올라가 실행되는데요. 이 디바이스 드라이버가 바로 DLL(dynamic link library) 파일이에요.

    프로그램이 실행되면서 이 라이브러리를 연결해 실행하기 때문에 '동적 링크 라이브러리'라고 하죠. 메모리에 프로그램이 올라가 실행될 때 동적으로 연결된다는 의미로 '동적'이라는 단어가 사용되었어요.

    '동적(dynamic)'과 반대되는 개념이 '정적(static)'입니다. 정적 링크 라이브러리는 소스 코드를 컴파일할 때 프로그램에 포함되는 라이브러리를 말해요. '동적 링크 라이브러리'는 프로그램을 실행하는 다이나믹한 상황에서 라이브러리를 호출하는 반면, '정적 링크 라이브러리'는 프로그램을 컴파일하는 시점에 라이브러리를 프로그램 안에 포함해줍니다. 그래서 동적 링크 라이브러리보다 정적 링크 라이브러리가 메모리 공간을 더 많이 사용한답니다. 이런 단점에도 정적 링크 라이브러리를 사용하는 이유는 실행 속도가 빠르고, 필요한 라이브러리를 프로그램에 미리 포함할 수 있기 때문이죠. 또한 프로그램과 라이브러리 사이에 궁합이 맞지 않아 발생할 수 있는 문제를 줄일 수 있어요.

우리가 프로그램을 개발할 때 다른 사람이 만든 라이브러리를 동적으로 링크할 수도 있고, 정적으로도 링크할 수 있어요. 뿐만 아니라 내가 만든 프로그램을 다른 사람이 사용하도록 라이브러리로 제공할 수도 있답니다.

13장

레고 블록 같은 코딩,
모듈

모듈
Module

자동차가 고장 나면 정비소에 갑니다. 자동차 전문가는 어디에 문제가 있는지 진단하고, 고장 난 부품을 새 부품으로 바꿔 끼워주는데요. 자동차 부품을 만들 때 다른 부품에 영향을 받지 않도록 부품을 모듈화하고 있어서 고장 난 부품만 교체할 수 있어요. 자동차처럼 컴퓨터 부품도 모듈화되어 있어 고장 난 장치만 교체할 수 있어요. 약속을 통해 메인보드와 부품(CPU, 메모리 등)들이 연결되는 인터페이스를 통일해놓았기 때문에 메인보드를 만드는 회사와 CPU, RAM 등을 만든 회사가 달라도 장치들을 연결할 수 있답니다.

하드웨어 부품을 모듈화하면 여러 가지 장점이 생깁니다. 한 부품에 문제가 발생해도 다른 부품에 영향을 주지 않기 때문에 수리도 간단해지고 비용도 줄일 수 있어요. 부품이 연결되는 방식을 통일하니 어느 회사에서 부품을 만들어도 연결에 문제 없이 사용할 수 있죠. 또한 자동차를 폐차라도 하면 이들 부품을 재활용할 수 있으니 여러 가지 장점이 있답니다.

　이런 장점 때문에 하드웨어 부품처럼 소프트웨어도 한 덩어리로 프로그램을 만들지 않고 모듈화해서 만들어요. 레고 블록을 끼워 애펠탑을 만들 수 있듯이 프로그램도 여러 개의 모듈을 모아 만든답니다.

　'모듈'은 특정 작업을 처리할 수 있는 프로그램의 일부입니다. 예를 들어 파워포인트에서 '표 추가'를 실행하면 표를 추가하기 위한 모듈이 준비된 것이죠. '저장'을 실행하면 작업한 문서를 저장하기 위한 모듈이 이미 구현된 것입니다. 이 모듈에는 하나 이상의 함수를 포함하고 있어요. 아래와 같이 sum( ), print( )로 작성한 간단한 코드도 모듈이 될 수 있고, 클래스와 메소드를 사용한 복잡한 코드도 모듈이 될 수 있습니다. 모듈의 크기나 단위는 개발자가 정하기 나름이지만, 모듈의 장점을 살리기 위해 하나의 모듈에는 하나의 작업을 처리하기 위한 코드들을 모아놓는답니다.

모듈(module)
↙

```
def sum(a, b):
    c = a + b
    print(c)
```

파이썬 코스를 실행하기 위해 지금까지 'Run Module' 메뉴를 클릭했었습니다. 파이썬 모듈(module)을 간단히 설명하면 소스 코드가 저장된 파일(예: sumModule.py)을 의미해요. '모듈은 이런 식으로 작성돼야 해'라는 절대적인 규칙은 없지만, 관련 있는 코드를 논리적으로 그룹화하여 하나의 파일에 소스 코드를 작성하는 것이 모듈화의 방법이에요.

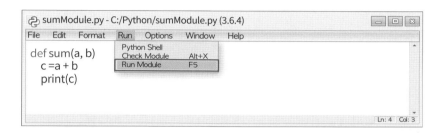

이렇게 소스 코드를 모듈화하면 소스 코드를 이해하기도 쉽고 관리도 쉬워져 '좋은 코드'라고 칭찬받는 코드가 된답니다. 규모가 크고 복잡한 프로그램은 여러 개발자가 함께 소스 코드를 작성하는데요. 이런 코드는 누가 보아도 읽기 쉽고 간결하게 작성해야 하죠. 그래야 프로그램에 오류가 발생하면 원인도 빨리 찾고 버그도 쉽게 고치거든요.

우주항공을 연구하는 NASA에서는 동료들이 서로 코드를 검토하며 결함을 찾아냅니다. 안전하고 품질 좋은 소프트웨어를 만들기 위한 노력이죠. 모듈화되어 있지 않고 잘 정리되지 않은 소스 코드를 '스파게티 코드'라고 해요. 2010년 미국에서는 도요타 차량의 급발진 사고로 운전자가 생명을 잃은 사건이 있었어요. 사고의 주요 원인 중 하나가 자동차에 포함된 '스파게티 코드'였다고 합니다. 소스 코드를 모듈화해 작성하고 이해하기 쉽고 구조화되도록 작성하는 것이 중요하답니다. 여러 코딩 책에서 '구조적 프로그램'이라는 말을 사용하는 것도 이런 이유이죠.

프로그램을 만들다 보면 시간 및 날짜를 표시할 일이 자주 생깁니다. 이때 사용하는 것이 표준 라이브러리의 datetime 모듈이에요. 표준 라이브러리를 사용할 때는 '날짜 시간 모듈을 수입해 오거라!'는 의미로 import 키워드를 사용해야 해요. 왠지 도서관에서 모듈을 빌려오는 것 같아 borrow라는 단어가 더 맞아 보이지만, 어쨌든 파이썬에서는 import라는 키워드를 사용해요.

import datetime이라고 작성하면 '날짜 시간 모듈을 수입해주세요!'라는 의미예요.

날짜 시간 모듈을 수입해오면, 그때부터 이 모듈의 여러 가지 객체를 사용할 수 있어요. 모듈에 속한 객체를 작성하려면 점(.)을 사용하면 돼요. 이 모듈에는 date, time, datetime 등 여러 가지 객체가 있는데요.

그림으로 표현하면 다음과 같아요.

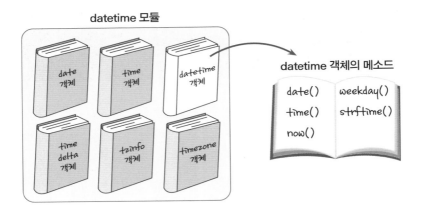

표준 라이브러리를 사용하는 연습을 해볼까요? datetime 모듈에는 datetime 객체가 있어요. 이 객체에는 현재 날짜와 시간을 보여주는 now( ) 메소드가 있습니다. 이 메소드를 사용하려면 일단 import로 모듈을 수입해야 합니다. 그리고 '모듈.객체.메소드'의 방식으로 점을 찍어주어 메소드를 호출해야 해요.

now( )를 사용하는 코드는 다음과 같아요.

import datetime	datetime을 수입해
now=datetime.datetime.now( )	datetime 모듈에서 datetime 객체의 now( ) 메소드를 호출해. 그리고 now 변수에 담아줘
print(now)	now를 모니터 화면에 출력해

이 코드를 실행하면 다음과 같이 현재 날짜와 시간이 파란색으로 출력됩니다.

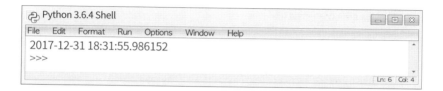

```
Python 3.6.4 Shell
File   Edit   Format   Run   Options   Window   Help
2017-12-31 18:31:55.986152
>>>
                                                    Ln: 6   Col: 4
```

그럼 한번 연습을 해볼까요? datetime 모듈에는 date 객체가 있어요. 이 객체에는 today( ), weekday( ) 등 여러 메소드가 있는데요. today( ) 메소드를 실행하려면 어떻게 코드를 작성하면 될까요?

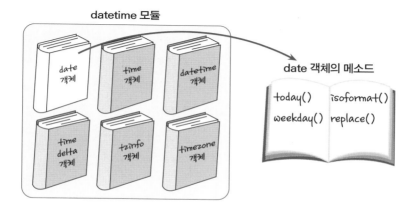

datetime 모듈

date 객체의 메소드

일단 모듈부터 수입해야 하니 import datetime이라 적고, 아래와 같이 코드를 작성하면 됩니다.

import datetime	datetime 모듈을 수입해
today = datetime.date.today( )	datetime 모듈에서 date 객체의 today( ) 메소드를 실행해. 그리고 today 변수에 넣어줘
print(today)	today 변수에 들어 있는 값을 모니터 화면에 출력해

필요한 객체만 수입하기

모듈을 통째로 수입하지 않고, 필요한 객체만 수입할 수도 있어요. 그러면 코드에서 매번 모듈 이름을 적지 않아도 되는 큰 장점이 있답니다.

from datetime import date	datetime 모듈로부터 date 객체를 수입해
today = date.today( )	date 객체의 today( ) 메소드를 실행해. 그리고 today 변수에 넣어줘
print(today)	today 변수에 들어 있는 값을 모니터 화면에 출력해

파이썬 셸에 위 코드를 실행하면 오늘의 날짜가 파란색으로 출력됩니다. 갑자기 오늘이 무슨 요일인지 궁금합니다. 이럴 때는 date 객체의 weekday( ) 메소드를 사용하면 돼요. weekday( ) 메소드를 실행하면 0~6의 숫자를 반환해주는데요. 0은 월요일, 1은 화요일, 2는 수요일을 의미해요. today=date.today( )를 실행하면 오늘의 날짜가 반환되어 today 변수에 저장된답니다. weekday( )의 괄호 안에 today 변수를 입력으로 쏙 적어주면 오늘의 날짜에 해당하는 요일을 알 수 있어요.

from datetime import date today = date.today( )	datetime 모듈로부터 date 객체를 수입해. date 객체의 today( ) 메소드를 호출하고, 반환값을 today에 담아줘
weekday = date.weekday(today)	weekday( )의 괄호 안에 today 변수를 입력으로 넣고 메소드의 반환값을 weekday 변수에 담아줘
print(weekday)	weekday의 값을 출력해줘

수입할 때 닉네임 사용하기

코딩에서도 닉네임을 좋아해요. 그래서 닉네임을 붙여 이름을 간단하게 사용합니다. 모듈을 수입하는 문장 끝에 'as 닉네임'과 같이 작성해주면 됩니다.

from datetime import datetime as dt	datetime 모듈에서 datetime 객체를 수입해. 앞으로 닉네임을 dt로 부를 테니 기억해

이렇게 닉네임을 붙여주면 아래와 같이 코드가 한결 간단해지니 참 좋네요.

원래 코드	닉네임을 사용한 코드
from datetime import datetime now=datetime.now() print(now)	from datetime import datetime as dt now=dt.now() print(now)

 여기서 잠깐!

weekday()에서 괄호 안에 넣는 값을 '인자(argument)'라고 해요. 만약 괄호에 값을 입력하지 않고 메소드를 사용하면 'weekday 함수는 인자(argument)가 필요해요!'라는 의미로 아래의 오류 메시지를 출력해준답니다.

TypeError: descriptor 'weekday' of 'datetime.date' object needs an argument

13장. 레고 블록 같은 코딩, 모듈

수학 모듈
math module

표준 라이브러리는 수학 계산에 유용한 모듈을 제공하고 있어요. 바로 수학 모듈(math module)◆인데요. 이 모듈에 sqrt(x), exp(x), factorial(x) 등 다양한 함수가 포함되어 있어요. 파이(π) 같은 상수값도 사용할 수 있어요.

◆ 수학 모듈에는 객체가 없고 바로 함수가 제공됩니다. 객체가 없기 때문에 '메소드'라는 용어 대신 '함수'를 사용하고 있어요.

수학 모듈을 가져와서 사용해볼까요? import로 math 모듈을 수입해 모듈에서 제공하는 함수와 상수를 사용해볼게요. 모듈과 함수를 점(.)으로 이어주면 함수를 호출할 수 있어요.

import math	math 모듈을 수입해
print(math.pi)	math 모듈의 파이(π) 값을 출력해
result = math.sqrt(4)	math 모듈에서 제곱근 구하는 함수를 호출해 입력값은 4이고, 함수 반환 값은 result에 담아줘
print(result)	result를 출력해

파이썬 셸에서 이 코드를 실행하면 다음과 같이 결과가 출력돼요.

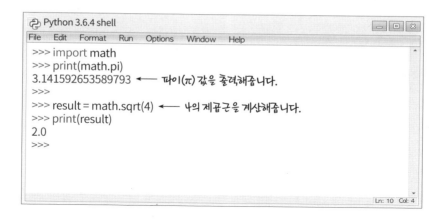

```
Python 3.6.4 shell
File   Edit   Format   Run   Options   Window   Help
>>> import math
>>> print(math.pi)
3.141592653589793  ←── 파이(π) 값을 출력해줍니다.
>>>
>>> result = math.sqrt(4)  ←── 4의 제곱근을 계산해줍니다.
>>> print(result)
2.0
>>>
                                                    Ln: 10  Col: 4
```

쉬어가는 퀴즈!
- - - - - - - -

math 모듈에는 factorial(x) 함수가 있어요.
x를 4로 지정해서 함수를 호출해보세요.

정답)

import math

math.factorial(4)

랜덤 모듈
random module

코딩에서는 '랜덤 넘버(random number)'를 자주 사용해요. '랜덤'은 '무작위'라는 뜻인데요. 랜덤 넘버는 '무작위 숫자', '난수'라고 불러요. 난수란 특정한 순서나 규칙을 가지지 않은 수를 의미하는데요. 그래서 다음 숫자를 예측하기가 어려운 숫자입니다.

로또 프로그램을 만들어본다고 생각해보세요. 공이 굴러가는 모습을 보여주고 무작위로 숫자를 정하는 프로그램을 만들어야 하기 때문에, 랜덤 모듈(random module)을 사용해요. 눈 내리는 프로그램을 생각해볼까요? 눈 내리는 속도가 다르고 위치도 다르니 이럴 때도 랜덤 모듈을 사용한답니다.

전 세계에서 나와 똑같은 사람은 한 명도 없습니다. 한날 한시에 태어난 쌍둥이조차 다른 구석이 있습니다. 하늘에서 떨어지는 눈 모양이 모두 같아 보이지만, 현미경으로 보면 그 모양이 제각각인 것처럼요. 이러한 다양함을 보고 있노라면 이 세상이 창조될 때 랜덤 모듈을 사용한 게 아닐까라는 생각마저 듭니다. 코딩에서 랜덤 모듈을 사용하는 것도 다채로운 세상을 표현하기 위한 게 아닐까요?

랜덤 모듈에서는 다음과 같은 함수를 제공합니다.

random 모듈의 함수	함수의 기능
random()	0.0과 1.0 사이 실수에서 무작위로 숫자를 정해줘요.
randrange(10)	0에서 9 사이 정수에서 무작위로 숫자를 정해줘요.
choice(['win','lose','draw'])	win, lose, draw에서 하나를 무작위로 정해줘요.
sample([10, 20, 30, 40, 50], k=4)	10, 20, 30, 40, 50에서 무작위로 4개를 뽑아줘요.

이 모듈을 수입하려면 import random이라고 적어야 해요. 그런 다음 '모듈.함수'의 방법으로 작성해 함수를 호출하면 된답니다. 예를 들면 random.random()과 같이 작성하면 돼요.

이 모듈의 함수들은 무작위 숫자를 생성하므로 실행 때마다 다른 결과를 반환해줘요. 예를 들어 randrange(10)을 5번 실행하면 다음처럼 실행 때마다 결과가 다르답니다.

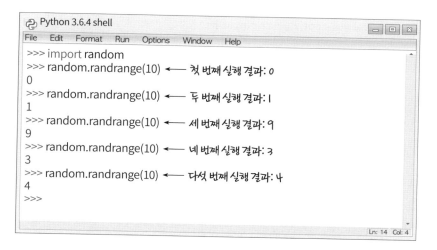

13장. 레고 블록 같은 코딩, 모듈

이제 '숫자 맞히기 게임' 프로그램을 만들어보려고 합니다. 사용자의 입력을 받아서 랜덤값과 동일하면 "우아! 대단합니다. 맞혔습니다"라고 출력하고, 다르면 "아쉽네요. 다시 시도해보세요"라고 출력해주는 프로그램이에요. 프로그램 코드는 다음과 같이 작성할 수 있어요.

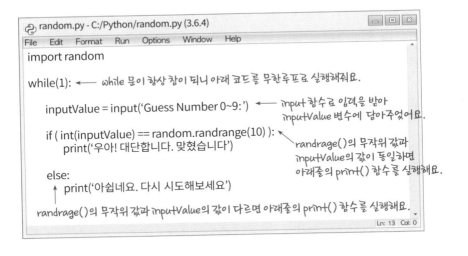

여기서는 randrange( ) 함수를 사용했어요. randrange(10)이라고 작성해 0부터 9까지 무작위 숫자가 생성된답니다.

그럼 코드를 실행해볼까요?

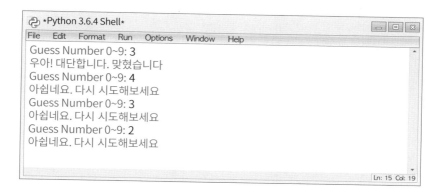

"Guess Number 0~9:"라는 메시지가 출력되고, 키보드로 입력하라는 신호로 커서가 깜박입니다. 3을 입력했더니 한 방에 맞혔습니다. 바로 "우아! 대단합니다. 맞혔습니다"라는 결과가 출력되었습니다. 오늘은 왠지 느낌이 좋습니다. 하지만 다음부터 3번 연속 틀리네요. "아쉽네요. 다시 시도해보세요"라는 결과가 3번이나 출력되었습니다.

여기서 잠깐!

if(int(inputValue)==random.randrange(10))에서 int() 함수를 왜 사용한 것일까요? inputValue 값은 문자형이라 정수형으로 바꿔줘야 하기 때문이죠. inputValue에는 '3'이라는 문자가 저장되지만, randrange() 함수를 호출하면 3과 같은 정수를 반환해요. 따옴표만 붙었을 뿐인데 숫자를 문자로 인식하는 것이죠. 컴퓨터에서 문자와 정수는 엄연히 다른 데이터형이기 때문에 두 값(3, '3')이 다르다고 생각해요. 그렇기 때문에 int() 함수를 사용해서 inputValue에 담긴 문자형를 정수형으로 바꿔준 거예요.

13장. 레고 블록 같은 코딩, 모듈

그래픽 유저 인터페이스 모듈
GUI Module

이제는 표준 라이브러리의 tkinter 모듈을 이용해서 GUI 프로그램을 만들어보겠습니다. GUI는 Graphical User Interface의 약자로, 컴퓨터를 사용하는 환경이 그래픽하게 제공된다고 해서 붙여진 이름입니다. 우리말로는 '그래픽 기반 사용자 인터페이스' 혹은 버터발음으로 '그래픽 유저 인터페이스'라고 합니다.

이제 tkinter 모듈을 수입해서 GUI 프로그램을 작성해보겠습니다.

from tkinter import *	tkinter 모듈에서 모든 것을 수입해 (from을 적어주면 코드에서 tkinter를 매번 안 적어줘도 되는 편리함이 있어요)
program = Tk( )	Tk( ) 객체를 생성해서 program 변수에 담아줘 (이 객체가 생성되면 프로그램 창이 만들어져요)
program.mainloop( )	프로그램 화면을 계속 표시해줘

이 코드를 실행하니 아래와 같이 프로그램 창이 팝업되었어요. 이 제 GUI 프로그래밍의 세계가 시작되었습니다.

GUI프로그램

tkinter 모듈에는 Tk 객체가 있어요. Tk 객체의 메소드를 이용해서 프로그램 창 크기와 제목을 바꿀 수 있어요. 창 크기는 minsize( ) 메 소드를 사용하고요. 창 제목은 title( ) 메소드를 사용해요. 메소드 사용 법은 아래와 같아요.

창의 최소 크기를 정해주는 메소드예요.
↓
program.minsize(width=200, height=100)
↖   ↗
가로 200, 세로 100으로 정해요.

program.title('My GUI Program')
↑
창 제목을 정해주는 메소드예요.

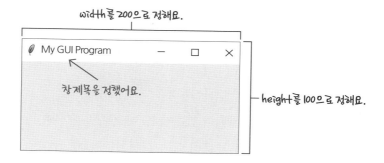

width를 200으로 정해요.

창 제목을 정했어요.

height를 100으로 정해요.

13장. 레고 블록 같은 코딩, 모듈

위젯
Widget

    프로그램에 위젯을 추가할 수 있는데요. 위젯은 GUI를 구성하는 요소를 말합니다. 위젯의 종류는 아이콘, 버튼, 대화 상자, 체크 박스, 진행 상태창 등 다양합니다.

    '버튼'에는 확인 버튼, 취소 버튼, 적용 버튼 등 다양한 이름의 버튼이 있어요. 팝업 창마다 한 가지 이상의 버튼이 있는데요. '확인' 버튼은 프로그램에서 화면의 내용을 확인하거나 입력 필드에 값을 입력한 후에 누르는 버튼이에요. '확인' 버튼을 누르면 입력한 내용이 하드디스크에 저장됩니다. 반면 '취소' 버튼은 갑자기 마음이 바뀌어 취소하고 싶을 때 누르는 버튼이에요. '취소' 버튼을 누르면 입력한 내용이 저장되지 않아요.

버튼

    '적용(apply)' 버튼이 있는데요. 어려운 용어지만, 프로그램을 개발할 때 자주 사용하는 단어예요. 사전적 정의를 이해하기 위해 우리말

사전을 찾아보니 적당한 정의가 없네요. 그래서 영어 사전을 뒤져보니 'make a formal application or request'라고 설명하고 있습니다. 정의를 해석해보면 무엇인가를 공식적으로 요청할 때 사용하는 단어네요. 실제로도 코딩을 할 때 '적용' 버튼은 공식적으로 기능을 실행해야 할 때 사용합니다. '확인' 버튼을 누르면 입력한 내용을 저장만 하고, '적용' 버튼을 눌러야 기능을 실행되도록 프로그램을 개발하는 경우가 많아요.

'라디오 박스'는 실제 라디오 버튼과 동일하게 동작해요. 카세트 플레이어에서 '재생' 버튼을 누르면 다른 버튼이 모두 쑥 올라오잖아요. 이와 유사하게 라디오 박스도 여러 동그라미에서 하나를 선택하면 나머지는 자동으로 선택되지 않아요.

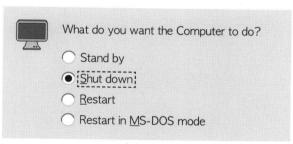

라디오 박스

'대화 상자'는 프로그램이 나와 대화하고 싶어서 제공되는 상자예요. 그래서 대화 상자에는 사용자에게 질문하는 내용이 작성되어 있어요. 예를 들어 "선택한 메일을 완전히 삭제하시겠습니까?"라는 메시지가 대화 상자를 통해 제공되지요.

13장. 레고 블록 같은 코딩, 모듈

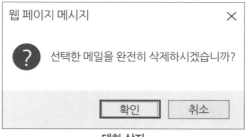
대화 상자

　'체크 박스'는 원하는 사항을 선택할 수 있는 위젯인데요. 네모박스를 클릭하면 체크 표시가 된답니다. 옵션(option)은 우리말로 '선택'이라는 의미인데요. 우체국에서 우편물을 보낼 때 등기우편, 일반우편과 같이 다양한 옵션을 제공해 고객이 원하는 것을 선택할 수 있게 하는 것처럼 프로그램의 옵션은 사용자에게 선택의 폭을 제공합니다. 프로그램에서 옵션을 제공하기 위해 체크 박스를 사용합니다.

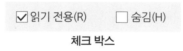
체크 박스

　프로그램을 사용하다 보면 버튼을 누르거나 입력 필드를 작성하면 안 될 때가 있어요. 이때는 이들 위젯을 건드리지 못하도록 '비활성화'합니다. 비활성화된 위젯은 눌러도 아무런 반응이 없고 입력도 못 하도록 커서가 위치하지 않아요. 반대로 입력이 가능하거나 마우스로 클릭이 가능한 버튼은 '활성화'되어 있다고 해요.

GUI 프로그래밍을 위한 다양한 위젯의 세계

아이콘(icon)	버튼(button)	체크 박스(check box)
풀 다운 메뉴 (pull down menu)	메뉴 (menu)	팝업 메뉴 (popup menu)
라디오 박스 (radio box)	진행 상태창 (Progress bar)	입력 필드 (input field)
스크롤 바 (scroll bar)	탭 (tab)	대화 상자 (dialog box)

13장. 레고 블록 같은 코딩, 모듈

버튼
Button

프로그램 창에 버튼을 추가하려고 합니다. 이때 tkinter 모듈의 Button 객체를 이용해요. 프로그램 창에 '확인' 버튼을 추가하려면 아래와 같이 코드를 작성하면 됩니다.

```
button = Button(program, text = '확인')
button.pack( )
```

Button(program, text='확인')이 마치 메소드처럼 보이지만 아니랍니다. 이 코드는 객체를 생성하는 코드랍니다. Button 객체의 생성자에 인자를 2개 넣어준 거예요. 첫 번째 인자는 버튼이 들어갈 창 이름('program')을 넣은 것이고요. 두 번째 인자는 버튼의 이름('확인')이에요.

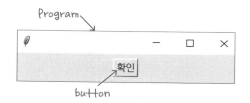

Program

button

tkinter 모듈의 Button 객체를 생성해줍니다.

버튼이 속하는 창 이름이에요.

버튼 이름이에요.

button = Button(program, text = '확인')
button.pack() ← 얼굴팩같이 버튼을 program에 착 붙여줍니다.

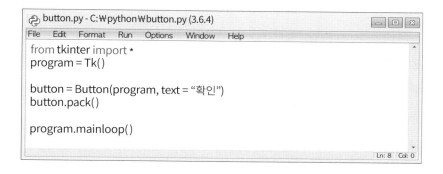

```
button.py - C:\python\button.py (3.6.4)
File    Edit    Format    Run    Options    Window    Help
from tkinter import *
program = Tk()

button = Button(program, text = "확인")
button.pack()

program.mainloop()
                                                        Ln: 8    Col: 0
```

13장. 레고 블록 같은 코딩, 모듈

이벤트(event)는 '사건'이라는 의미를 가지는데요. 우리나라에서는 주로 큰 행사를 말할 때 이벤트라는 말을 사용합니다. 하지만 코딩에서는 마우스로 버튼을 클릭하거나 키보드로 키를 입력하는 경우를 '이벤트'라고 합니다. 그래서 '확인' 버튼을 클릭하면 프로그램은 '이벤트가 발생했어요'라고 신호를 보내고, 이벤트와 관련된 코드를 실행해줍니다.

'확인' 버튼을 클릭하면 메시지 창이 팝업되도록 코드를 작성하려고 해요. 버튼 이벤트가 발생하면 함수가 실행되도록 버튼 객체와 함수를 연결해줘야 합니다. 이 함수는 '안녕하세요'라는 메시지 창을 출력해주는 간단한 함수예요.

버튼 객체가 생성되면 program이라는 창에 버튼을 붙여야 합니다. 얼굴에 팩을 붙이듯이 button.pack( )이라고 작성하면 돼요. 아래쪽에 붙이고 싶으면 pack( ) 괄호 안에 side='bottom'이라고 넣어주면 된답니다.

button = Button(program, text = "확인", command = button_click)
button.pack(side ='bottom')

> 버튼 객체와 *button_click* 함수를 연결해줘요.

↑
얼굴에 떼를 붙이듯이 버튼을 *program*에 붙여줘요.
아래쪽에 붙으라고 '*bottom*'을 작성해주었어요.

'확인' 버튼을 클릭하면(그림의 ①), button_click( ) 함수가 실행되고요(②). 이 함수에 적힌 showinfo("팝업창", "안녕하세요") 코드가 실행돼서 팝업창이 짠 나타나는 거예요(③).

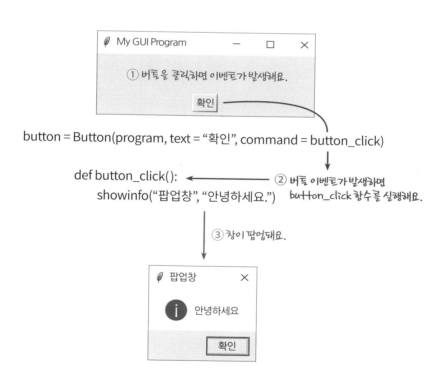

```
event.py - C:/python/event.py (3.6.4)
File   Edit   Format   Run   Options   Window   Help
from tkinter import *
from tkinter.messagebox import *

program = Tk( )

def button_click( ):
    showinfo("팝업창", "안녕하세요")

button = Button(program, text = "확인", command=button_click)
button.pack( )

program.mainloop( )
                                                           Ln: 13 | Col: 0
```

 여기서 잠깐!

팝업

'팝업(Popup)'은 우리말로 '튀어 나오는'이라는 의미를 가지고 있어요. 프로그램 창이 화면에서 튀어 나오기 때문에 '팝업창'이라고 해요. 마우스 오른쪽 버튼을 클릭하면 메뉴 목록이 나타나는데요. 이 메뉴를 '팝업 메뉴' 혹은 '컨텍스트 메뉴'라고 한답니다. 프로그램을 사용하는 상황에 따라 메뉴를 다르게 제공하고 있어서 '문맥'이라는 의미로 컨텍스트(context)라는 단어를 사용하는 거예요.

바탕화면의 팝업 메뉴

입력 필드
Input Field

컴퓨터는 사용자의 입력을 받아 처리*한 후 결과를 화면에 출력해줍니다. 사용자의 입력을 다양한 형태로 받기 위해 입력 필드, 체크 박스, 라디오 박스 등 다양한 위젯들이 제공되는 것이지요. 사용자의 입력을 받는 위젯으로 '입력 필드'를 설명하겠습니다.

◆ 키보드로 사용자의 입력을 받으면 프로그램이 이 입력을 처리해줍니다. '처리'란 사용자가 원하는 결과를 제공하도록 컴퓨터가 작업을 수행하는 과정을 말해요.

tkinter 모듈의 Entry 객체를 사용하면 입력 필드를 만들 수 있어요. pack( ) 함수를 이용해 프로그램 창에 입력 필드를 붙일 수 있죠. 얼굴에 팩을 붙이듯이 pack( ) 메소드를 이용하는 것이에요.

input_field=Entry(program)은 객체를 생성하고 생성 결과를 input_field 변수에 담는 코드입니다. input_field 이름 옆에 점을 찍으면 Entry 객체가 제공하는 메소드를 마음껏 사용할 수 있습니다.

13장. 레고 블록 같은 코딩, 모듈

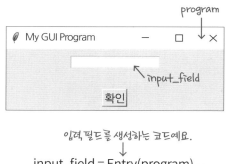

입력 필드를 생성하는 코드예요.
↓
input_field = Entry(program)
input_field.pack()
↑
얼굴에 팩을 붙이듯이
입력 필드를 program에 붙여줘요.

입력 필드가 속하는
창 이름이에요.

사용자가 입력한 문자열을 가져오려면 input_field.get( )를 실행하면 돼요. get은 '얻다'라는 뜻인데요. 입력 필드의 문자열을 얻어오라는 의미입니다. 입력 필드의 문자열을 가져와서 팝업창에 출력되도록 아래와 같이 코드를 작성할 수 있답니다.

입력 필드의 내용을 가져오는 함수예요.
↓
showinfo("팝업창", input_field.get())

그럼 어떻게 코드가 실행되는지 살펴볼게요. 프로그램 창의 입력 필드에 '감사합니다'라고 입력하고, '확인' 버튼을 클릭하면 button_click( ) 함수가 실행돼요(그림의 ①). showinfo( ) 함수의 인자로 input_field.get( )가 있는데요. get( ) 메소드가 실행되어 입력 필드의 내용을 가져옵니다. 그런 다음 showinfo( ) 함수가 실행되어 입력 필드 내용을 팝업창에 출력한답니다(②).

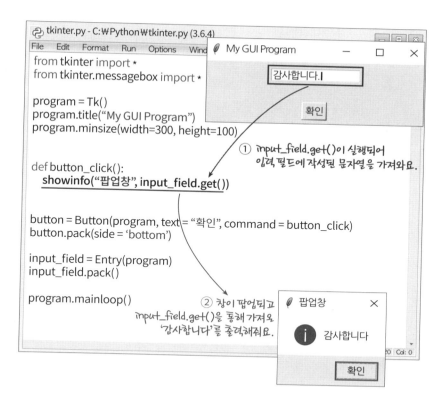

```
from tkinter import *
from tkinter.messagebox import *

program = Tk()
program.title("My GUI Program")
program.minsize(width=300, height=100)


def button_click():
    showinfo("팝업창", input_field.get())


button = Button(program, text = "확인", command = button_click)
button.pack(side = 'bottom')

input_field = Entry(program)
input_field.pack()

program.mainloop()
```

① input_field.get()이 실행되어
입력 필드에 작성된 문자열을 가져와요.

② 창이 팝업되고
input_field.get()을 통해 가져온
'감사합니다'를 출력해줘요.

297

라벨
Label

입력 필드 옆에 아무런 설명이 없으니 허전합니다. 그래서 입력 필드 옆에 '무엇이든 입력해보세요'라고 이름표를 붙이려고 합니다. 이때 사용하는 객체가 라벨(Label) 객체예요. 라벨은 물건에 대한 정보를 적어 붙인 표시를 말해요. 딸기잼 병 뒷면에 라벨을 붙이는 것처럼 프로그램에서도 입력 필드의 이름표를 붙이기 위해 라벨을 사용해요.

아래와 같이 라벨 객체를 이용하면 프로그램에 입력 필드의 이름표를 붙일 수 있어요.

라벨로 붙일 문자열이에요.

```
label = Label(program, test = "무엇이든 입력해보세요")
label.pack()
```

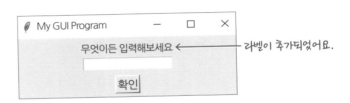

라벨이 추가되었어요.

내가 만든 모듈
my Module

코드를 작성할 때 표준 라이브러리나 외부 라이브러리의 모듈을 수입해서 사용할 수 있지만 내가 만든 모듈을 수입해서 사용할 수도 있어요. 왜 모듈을 수입해서 사용할까요? 그냥 하나의 모듈로 개발하면 안 될까요? 규모가 크고 복잡한 프로그램을 개발할 때는 소스 코드를 모듈화해서 작성해요. 정말 큰 개발 프로젝트의 경우에는 100여 명이 함께해 거대한 하나의 시스템◆을 만들기도 하거든요. 개발자들이 각자 맡은 모듈을 개발하면 이 모듈을 통합해 하나의 시스템을 완성합니다. 그렇기 때문에 코딩의 세계에서는 모듈화가 중요한 개념이지요.

◆ '시스템(system)'은 소프트웨어 혹은 프로그램과 유사한 의미를 가지지만, 사용되는 상황은 조금 달라요. 소프트웨어 규모가 크고 하드웨어 장치를 포함해서 말할 때 '시스템'이라는 단어를 사용하고 있어요. 하드웨어를 관리하는 운영체제를 '시스템 소프트웨어'라고 부르는 것처럼, '시스템'이라는 말은 컴퓨터 장비뿐 아니라 장비에 설치된 소프트웨어를 포괄적으로 부르는 말이에요.

함수만 있는 모듈 수입하기

내가 만든 모듈을 가져오는 방법은 표준 라이브러리의 사용 방법과 동일해요. 'import 모

13장. 레고 블록 같은 코딩, 모듈

둘명'을 적어주면 모듈을 사용할 수 있답니다. calculator 모듈에서 더하기 모듈(sumModule)을 수입해보겠습니다. 파일 이름이 sum-Module.py이면, 모듈 이름이 sumModule이 됩니다.

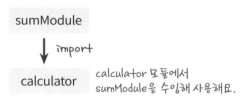

모듈을 수입하려면 calculator.py에서 import sumModule이라고 작성하면 돼요(아래 그림 ①). 그리고 모듈의 함수를 사용할 때는 '모듈명.함수명'과 같이 점으로 관계를 이어주면 된답니다. 예를 들어 sumModule.sum(3, 6)과 같이 작성하면 돼요(②).

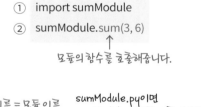

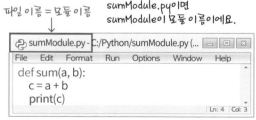

calculator.py를 실행하면 어떤 결과가 나올까요? 수입한 모듈의 더하기 함수 sum(3, 6)이 실행되어 9라는 결과가 출력된답니다.

여기서 잠깐!

import가 있으면 왠지 export도 있을 법한데요. 파이썬에서는 export라는 코드는 사용하지 않아요. 프로그램을 사용하다 보면 '가져오기', '내보내기'라는 단어를 종종 접할 수 있는데요. import와 export를 우리말로 표현한 것이죠. 마이크로소프트 워드의 '내보내기' 기능이 export예요. 워드 문서를 다른 문서로 변환해 저장하는 기능입니다.

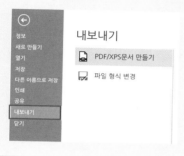

클래스가 있는 모듈 수입하기

이제 클래스가 있는 약간 더 복잡한 모듈을 수입해보려고 해요. 우선 모듈을 2개 만들고요. 이름을 mainModule과 subModule로 지었어요. mainModule에서 subModule을 수입하기 위해 'import sub-Module'을 mainModule에 작성해주었어요.

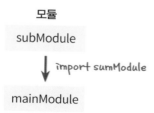

subModule에는 basic과 advanced 클래스가 있습니다. basic 클

래스에는 더하기와 빼기 메소드 2개가 있어요.

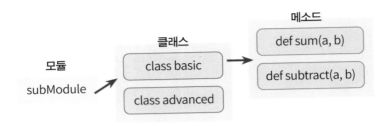

mainModule.py에서 subModule의 메소드를 호출하고 싶으면, '모듈.클래스.메소드' 순서로 점을 찍고 이름을 나열하면 됩니다. subModule.basic.sum(1, 2)이라고 작성하면 더하기 메소드가 실행되어 3이라는 결과가 출력된답니다.

mainModule.py

```
import subModule
subModule.basic.sum(1, 2) ←── 수입한 모듈을 사용하는 코드
```

'from subModule import*'라고 작성하면 'subModule에서 모든 것을 수입해줘!'라는 의미예요. 그러면 메소드를 사용할 때 subModule을 매번 작성하지 않아도 된답니다.

mainModule.py

```
from subModule import *  ←── 이렇게 작성하면 코드에서
                              모듈 이름을 안 저어도 돼요.
  ↗ basic.sum(1, 2)

모듈 이름을 안 저었어요.
```

subModule에서 표준 라이브러리의 math 모듈을 수입할 수도 있는데요. 이때는 subModule에서 import math라고 작성해주면 된답니다.

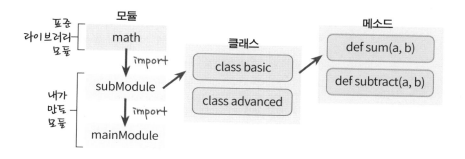

그럼 코드는 어떤 느낌인지 확인해볼까요? 모듈이 2개이므로 .py 확장자를 가진 파일도 2개 만들어야 합니다. mainModule.py에서 import subModule을 작성하여 모듈을 수입합니다(304쪽의 그림의 ①번). '모듈.클래스.메소드' 순서로 작성하면 subModule의 메소드가 호출할 수 있어요. 더하기 메소드는 subModule.basic.sum(3, 1)으로 작성하고요(②번). ②번 코드에서 두 숫자를 입력받아 더해주는 메소드를 호출하고 있고요.

③번 코드에서 반지름을 입력받아 원둘레를 계산해주는 메소드를 호출합니다. 원둘레를 계산하는 메소드는 subModule.advanced.circleSize(4)와 같이 작성해요(③번).

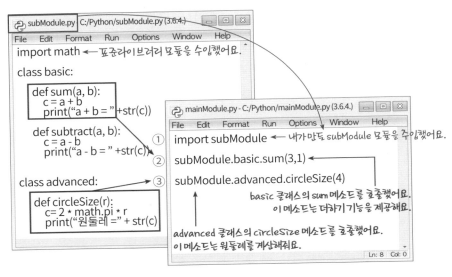

mainModule.py에서 Run Module을 실행하면 subModule의 메소드가 호출되어 아래와 같이 결과가 출력된답니다.

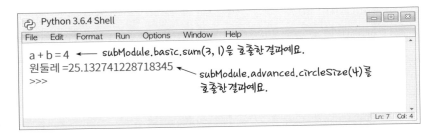

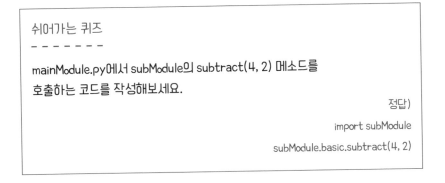

쉬어가는 퀴즈
- - - - - - -

mainModule.py에서 subModule의 subtract(4, 2) 메소드를
호출하는 코드를 작성해보세요.

정답)

import subModule

subModule.basic.subtract(4, 2)

14장

코드에
오류가 생겼어요!

파이썬 오류
Python Error

코드를 작성하다 보면 이런저런 실수를 하기 마련이죠. 하지만 걱정할 필요가 전혀 없어요. 그런 실수들은 파이썬이 알아서 잡아주거든요. 파이썬에서 코드를 작성하면 이것을 '소스 코드'라고 불러요. 잘 알다시피 소스 코드는 사람들이 이해할 수 있는 언어로 작성된 코드이기 때문에 컴퓨터가 이해할 수 있는 '바이너리 코드'로 번역해줘야 한답니다.

Run Module을 실행하면 컴퓨터가 이해할 수 있는 언어인 바이너리 코드로 번역(interpret)을 해주는데요. 번역 과정에서 파이썬이 오류를 찾아줍니다. 파이썬은 한 줄 한 줄 코드를 번역하면서 실행하기 때문에 코드에 오류가 발생하면 바로 실행을 멈추게 돼요.

소스 코드에서 오류가 있으면 파이썬은 빨간색 오류 메시지를 출력해주는데요. 안 그래도 코딩이 익숙하지 않은데 영어로 작성된 오류 메시지가 나오면 겁이 나기 마련입니다. 그래도 차근차근 오류 메시지를 살펴보면 금세 이해가 되니 조금만 관심을 가지면 디버깅 실

14장. 코드에 오류가 생겼어요!

력을 키울 수 있어요.

책 중간중간에서 오류 메시지를 설명드렸는데요. 여기서는 오류를 유형별로 살펴보겠습니다. 어떤 상황이든 오류 메시지를 잘 이해해야 디버깅◆이 가능하고, 디버깅을 통해 문제 해결 능력도 키울 수 있다는 점을 기억하세요.

◆ 코드의 오류를 '버그(bug)'라고 하고, 버그를 제거하는 과정을 '디버깅(debugging)'이라고 합니다.

IndexError: 사용 범위를 넘어섰어요

my_expression=['Joy', 'Hope', 'Love', 'Angry']와 같이 변수를 정의하고, print(my_expression[4])라고 입력하면 파이썬은 어떤 반응을 보일까요? "my_expression에서 4번째 데이터가 없는데요!"라고 오류 메시지를 출력해요. 컴퓨터는 항상 0부터 시작하기 때문에 맨 마지막 데이터의 위치는 3이 되거든요.

◆◆ 책을 읽다가 궁금한 단어를 찾고 싶으면 색인의 페이지 번호를 통해 본문의 해당 위치를 찾을 수 있어요. 색인은 내가 찾고자 하는 정보의 위치(페이지 번호)를 알려주는데요. 이런 맥락으로 컴퓨터에서도 색인 혹은 인덱스(index)라는 말을 사용해요.

그래서 4번째 데이터를 print( ) 함수로 출력하려고 하면 "list index out of range"라는 오류 메시지가 출력됩니다. 여기서 인덱스(index)◆◆란 우리말로 '색인'이라는 의미예요. 색인은 데이터의 위치를 가리키는 정보예요. my_ expression[0]에서 0이 인덱스죠. my_expression의 인덱스 범위는 0부터 3까지이므로 my_expression[4]라고 작성하면 '리스트 인덱스 범위를 넘어섰어요(list index out of range)'라고 알려주는 거예요.

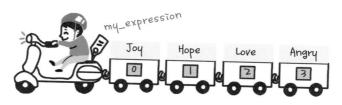

IndexError! my_experession에서
4번째 데이터는 없는데요?!

```
>>> my_expression= ['Joy', 'Hope', 'Love', 'Angry']
>>> print(my_expression[4])

Traceback (most recent call last):
  File "<pyshell#1>", line 1, in <module>
    print(my_expression[4])
IndexError: list index out of range
```

NameError: 변수 이름이 정의되어 있지 않았어요

코딩 언어는 정말 까칠한 녀석입니다. 오타도 절대 용납하지 않기 때문에 눈을 부릅뜨고 코드를 정확히 작성해야 해요. my_expression 이라고 변수 이름을 정의해놓고, 실수로 글자 하나라도 빼먹으면 바로 오류 메시지가 출력됩니다. my_expression을 my_expresion이라고 작성하면 오류 메시지에 "NameError : name 'my_expresion' is not defined"라고 출력합니다. 이 오류 메시지는 'my_expresion 이라는 이름이 정의되지 않았어요'라는 의미랍니다.

```
>>> my_expression= ['Joy', 'Hope', 'Love', 'Angry']
>>> print(my_expresion[3])

Traceback (most recent call last):
  File "<pyshell#5>", line 1, in <module>
    print(my_expresion[3])
NameError: name 'my_expresion' is not defined
```

SyntaxError: 문법에 오류가 있어요

Syntax는 우리말로 '문법'에 해당하죠. for, if, class 등으로 시작하는 문장은 반드시 콜론(:)이 있어야 하고요. 이 문장 아래의 코드가 들여쓰기 되어야 해요. 만약 콜론과 들여쓰기가 없으면 '문법에 오류가 있어요'라고 알려준답니다.

```
>>> for num in range(5)
SyntaxError: invalid syntax
>>>
```

프로그램을 사용하거나 코딩을 작성하다 보면 'invalid'라는 단어를 종종 접할 수 있습니다. invalid는 '유효하지 않은'이라는 뜻이에요. '유효하지 않다'는 정해진 범위를 벗어나거나 문법에 맞지 않다는 뜻이랍니다.

for, if, class 같은 키워드 아래 줄에서 코드 블록의 들여쓰기가 안 되어 있으면 '들여쓰기가 된 블록이 필요한데요(expected an indented block)'라고 문법 오류를 알려준답니다.

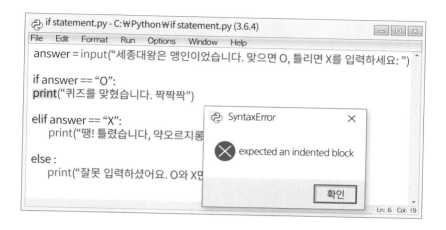

ImportError: 모듈 수입에 차질이 생겼습니다

모듈을 수입할 때는 'import 모듈명'이라고 작성해야 합니다. 모듈이 없거나 이름을 잘못 작성하면 '그런 모듈 없거든요!'라는 오류 메시지가 출력된답니다. import Math라고 작성하니 "No module named Math"라고 오류 메시지가 출력되네요.

표준 라이브러리에 math라는 모듈은 있지만, Math라는 모듈은 없거든요. 그저 소문자를 대문자로 작성했을 뿐인데, 사정없이 오류 메시지를 출력합니다.

```
>>> import Math
Traceback (most recent call last):
  File "<pyshell#8>", line 1, in <module>
    import Math
ModuleNotFoundError: No module named 'Math'
```

14장. 코드에 오류가 생겼어요!

TypeError: 데이터형이 잘못되었어요

코딩에서 '3'과 3은 180도 다른 데이터예요. '3'은 문자형이지만, 3
은 정수형이거든요. 단지 따옴표 하나 붙였을 뿐인데, 컴퓨터는 이렇
게나 다르게 처리한답니다.

컴퓨터에서는 숫자와 숫자를 곱해야 합니다. 그런데 '3' * '3'이라
고 작성하면 컴퓨터는 화들짝 놀라 '문자형을 곱하면 어떻게 하나요!'
라고 오류 메시지를 출력합니다. Type은 우리말로 '유형'인데요. 여
기서는 데이터형을 의미합니다.

```
>>> print('3' * '3')
Traceback (most recent call last):
  File "<pyshell#20>", line 1, in <module>
    print('3' * '3')
TypeError: can't multiply sequence by non-int of type 'str'
```

시도와 예외
try and except

프로그램을 사용하다 보면 갑자기 프로그램이 죽는 경우가 있고 긴 오류 메시지가 출력되는 경우가 있어요. 이런 상황이 발생하는 이유는 코드를 작성할 때 예외 상황을 대처하는 코드를 빠트렸기 때문입니다.

'예외(except)'란 '일반적 규칙을 벗어나는 일'을 말해요. 예를 들어 계산기 프로그램에서 4를 0으로 나눈다거나, 인터넷에 연결되어 있지 않은 상태인데 프로그램이 웹 사이트에 접속하려고 한다면, 이런 것들이 모두 예외 상황에 해당된답니다.

그럼, 계산기 프로그램에서 발생할 수 있는 예외 상황을 한번 살펴볼까요?

다음과 같이 두 수를 입력받아 첫 번째 수를 두 번째 수로 나누는 코드를 작성했어요.

```
a = input('첫 번째 숫자를 입력해주세요: ')
b = input('두 번째 숫자를 입력해주세요: ')

result = int(a) / int(b)

print(result)
```

프로그램을 실행해보니 숫자를 입력하라는 메시지가 출력되고 커서가 깜박이는데요.

```
>>> 첫 번째 숫자를 입력해주세요: 9
>>> 두 번째 숫자를 입력해주세요: |
```

커서를 깜빡깜빡! 입력을 기다리는 표시

여기서 9와 0을 차례대로 입력하면 아래와 같이 오류 메시지가 출력됩니다. 9를 0으로 나눌 수 없으니, 예외 상황이 발생해 오류 메시지가 출력된 거예요. 오류 메시지에는 "ZeroDivisionError: division by zero"라는 설명이 있습니다. ZeroDivisionError는 '0으로 나눠서 오류가 발생했어요!'라는 의미예요.

```
Traceback (most recent call last):
  File "C:/python/trycatch.py", line 4, in <module>
    result = int(a) / int(b)
ZeroDivisionError: division by zero
>>>
```

코딩 문법을 아무리 잘 지켜 작성해도 이런 예외 상황이 발생할 수 있어요. 그래서 이를 해결하는 예외 코드를 작성해야 한답니다. 이때 사용하는 코드가 try와 except예요.

　try는 '시도하다'라는 의미이고, except는 '예외'라는 의미예요. 무엇인가를 시도(try)하다가 예외 상황(except)이 발생하면 이를 처리할 코드를 작성해야 합니다. 프로그램을 만들다 보면 이런저런 예외가 발생할 수 있기 때문에 표준 라이브러리에 예외 처리를 위한 모듈이 이미 준비되어 있답니다. 이것을 'Built-in Exception◆'이라고 합니다.

　오류 이름만 잘 이해해도 Built-in Exception에서 어떤 종류의 오류를 처리하는지 힌트를 얻을 수 있어요. 예를 들어 설명해볼게요. FileNotFoundError는 '그런 파일이 없네요'라는 의미예요. FileExistsError는 '파일이 이미 있어서 그런 이름으로 파일을 만들 수 없겠어요'라는 의미입니다. OverflowError는 '계산 결과가 너무 커서 저장할 수 있는 범위를 넘었어요!'라는 의미를 가진 오류예요. 이렇게 영어 단어만 잘 해석해도 어떤 에러가 생겼는지 감을 잡을 수 있어요.

◆ Built-in Exception에 대한 상세한 내용은 파이썬 홈페이지의 표준 라이브러리(https://docs.python.org/3.6/library/exceptions.html)에서 확인할 수 있어요. 앗! 그런데 홈페이지의 라이브러리 설명이 모두 영어로 작성되어 있네요. 이런, 코딩이 익숙하지 않은 초보자의 마음이 무거워지네요. 하지만 벌써부터 걱정할 필요는 없어요. 당장 이런 설명을 볼 필요는 없거든요. 나중에 코딩을 전문적으로 공부해야 할 때 살펴봐도 늦지 않아요.

　코딩을 잘하기 위해서는 코드 한 줄 한 줄을 이해하는 어휘력이 필요해요. 영어를 공부하는 것처럼 단어의 뜻을 이해하려고 노력하면 코딩이 훨씬 수월해진답니다.

　예외 상황을 처리하기 위해 코드에 try와 except를 추가하면 돼요. 예외가 발생할 만한 코드를 try 구문으로 꽉 묶어주면 되는데요. ①번 코드(result=int(a)/int(b))가 바로 예외가 발생할 수 있는 위험한 코드입니다. b 변수가 0이 되어서 다른 값을 나누려는 순간, 예외 상황이 발생하거든요. 그래서 이 코드를 try 블록에 넣어주었어요. 코드

에서 예외가 발생하면 ②번 except 코드로 이동해 에러를 해결사처
럼 처리해준답니다.

```
a = input('첫 번째 숫자를 입력해주세요:')
b = input('두 번째 숫자를 입력해주세요:')

try:
    result = int(a) / int(b)
    print(result)

except ZeroDivisionError:
    print('0으로 나누면 아니되옵니다!')
```

① result = int(a) / int(b) ← 이 코드를 실행하다가 0으로 나누는 예외가
발생하면 except 블록에서 처리해줘요.

② except ZeroDivisionError: ←————— ZeroDivisionError가 발생하면 에러를
처리하기 위해 이 코드가 실행돼요.

그럼 프로그램이 어떻게 동작하는지 볼까요? 방금 전과 같이 9와
0을 차례대로 입력했는데도 오류 메시지가 출력되지 않네요.

ZeroDivisionError가 발생했지만, 이 오류를 처리해주는 except
코드가 실행되었기 때문이에요. 이제 예외 상황이 처리되어 "0으로
나누면 아니되옵니다!"라는 메시지가 출력됩니다. 프로그램에서 저
런 오류가 발생하는 순간 프로그램 동작이 멈출 수 있기 때문에 이러
한 예외를 처리할 수 있도록 코딩을 해야 합니다.
프로그램을 만들다 보면 다양한 예외 상황이 발생해요. 인터넷이

연결되지 않은 상황에서 웹 사이트에 접속을 시도(try)할 수도 있고, 파일이 삭제되었는데 열려고 시도(try)할 수도 있어요. 이런 예외 상황(except)을 적절히 처리하지 않으면 프로그램이 갑자기 죽을 수도 있고 멈출 수도 있어요. 프로그램을 사용하다 보면 아래와 같은 오류 메시지가 나타날 때가 있는데요. 이것이 예외 상황이 처리[*]되지 않은 경우랍니다.

◆ '예외 처리'를 영어로 exception handling이라고 해요.

hello.exe 에 문제가 있어서 프로그램을 종료해야 합니다. 불편을 끼쳐 드려서 죄송합니다.

어떤 작업 중이었다면, 작업 중이던 정보를 잃게 됩니다.

이 문제에 대해 Microsoft에게 전달하고자 하는 의견을 적으십시오.
Microsoft로 보낼 수 있는 오류 보고를 작성했습니다. 이 내용은 기밀로 간주되며 익명으로 관리합니다.

이 오류에 관한 자세한 정보를 보려면,   여기를 클릭하십시오.

디버그(B)   오류 보고 보냄(S)   보내지 않음(D)

컴퓨터 프로그램이 갑자기 멈추거나 기능이 실행되지 않으면, 프로그램에 오류가 있어서 그런 것인데요. 이때 전문가들은 "프로그램에 버그(bug)가 있다"라는 말을 해요. 버그(bug)는 모기나 나방 같은 벌레를 의미합니다. 버그의 어원은 1880년대로 거슬러 올라갑니다. 컴퓨터 기계 장치에 나방이 날아 들어가 컴퓨터를 멈추게 한 사건이 있었는데, 이 사건이 일종의 역사로 기록되어 초기 컴퓨터 산업 전체에 전파되었다고 해요. 이때부터 컴퓨터를 멈추게 만든 오류나 결함을 '버그'라고 부르기 시작했답니다.

그렇다면 프로그램 기능 오류와 버그는 어떤 관계가 있는 것일까요? '버그'란 프로그램 오류를 발생시키는 코드를 의미해요. 소프트웨어를 만들기 위해 코딩을 하다 보면 오류가 발생하는 코드가 들어갈 수도 있어요. 이런 코드 때문에 프로그램이 다운(down)되거나 제대로 동작하지 않는 거예요.

소프트웨어를 개발하는 개발자들의 세계에서는 오류를 발생시키는 코드를 '버그'라고 부릅니다. 귀에 벌레가 들어오면 아프고 잘 안 들리는 것처럼, 벌레는 프로그램을 아프게 하는 존재예요.

15장

참고만 해,
코멘트

코멘트
Comment

코드를 작성하는 만큼이나 중요한 작업이 바로 코멘트(comment) 작성입니다. 왜 중요하냐고요? 우선, 코멘트의 정체부터 알아봐야겠지요? 사전에는 코멘트를 다음처럼 정의하고 있습니다.

설명(Comment)

해설, 논평, 비평, 코멘트. 프로그램 중의 특정 스텝을 설명하거나
식별하기 위한 기호나 문장.

코멘트를 설명하는 단어가 '해설', '논평', '비평', '설명'으로 무려 네 가지나 됩니다. 이 정의가 잘못된 것은 아니지만, 코딩을 아는 사람들은 코멘트가 그런 뉘앙스로 사용되지 않는 사실을 너무나 잘 알고 있습니다. 개발자에게 "코멘트가 논평인가요?"라고 묻는다면 아마 화들짝 놀랄 것입니다.

'코멘트'란 내가 작성한 코드를 설명해주는 문장을 말합니다. 우리

말로는 '주석'이라는 용어를 사용하기도 합니다. 파이썬에서 코멘트를 작성하려면 두 가지 방법이 있는데요. 한 줄짜리 코멘트는 아래와 같이 # 기호를 붙여줍니다. # 기호를 문장의 맨 처음에 붙여주면 파이썬 에디터에서 문장이 붉은색으로 표시됩니다.

두 줄 이상의 문장을 코멘트로 작성할 때는 문장의 시작과 끝에 3개의 큰 따옴표(""")를 넣어주면 됩니다. 큰따옴표가 사용된 코멘트는 파이썬 에디터에서 녹색으로 표시해줍니다.

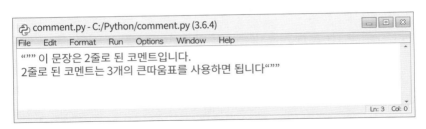

코멘트는 코드 옆에 작성하는 설명 문장으로, 컴퓨터를 위한 문장이 아니라 사람을 위한 문장입니다. 그래서 파이썬의 인터프리터는 코멘트를 번역하지 않고 무시합니다. 프로그래밍 언어마다 코멘트 기호가 다릅니다. 예를 들어 자바(Java)에서는 // 또는 /**/를 이용해 코멘트를 작성합니다.

다음은 코멘트를 추가한 모습인데요. 파이썬 에디터에서 코멘트가 붉은색으로 표시되지만 프로그램 실행에는 전혀 영향을 미치지 않는답니다. 코드 첫머리에 누가 이 코드를 작성했는지, 언제 작성했는지, 어떤 프로그램인지를 코멘트로 작성합니다. 그리고 한 줄 한 줄 코드마다 코멘트를 추가하여 어떤 역할을 하는 코드인지 설명해줍니다.

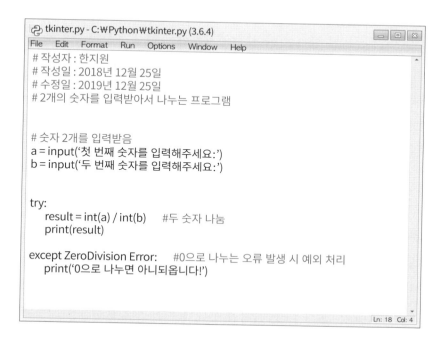

그럼 왜 코멘트를 작성해야 할까요? 첫 번째 이유는 내가 만든 코드를 나 스스로 쉽게 기억하기 위한 목적이 있고요. 두 번째는 다른 사람이 내 코드를 쉽게 이해하도록 돕는 목적이 있습니다.

프로그램이 복잡해지면 클래스가 어떤 기능을 제공하는지, 함수를 작성한 이유가 무엇인지에 대한 설명이 필요해집니다. 복잡한 알고리즘을 작성하기라도 한다면 코드 한 줄 한 줄에 대한 코멘트를 작성하기도 해요. 복잡한 코드의 경우 내가 작성한 코드라도 나중에 다시 보면 코드의 역할을 기억하지 못할 수 있거든요. 물론 코딩에 능숙한 개발자들은 디버깅 과정을 통해 코드가 어떻게 동작하는지 파악할

15장. 참고만 해, 코멘트 #

수도 있지만, 코드를 작성할 때의 생생한 기억으로 코멘트를 추가해 주었다면 이런 고생은 줄어들게 됩니다.

코멘트를 잘 작성해놓으면 유지보수가 편해집니다. 유지보수는 '유지'와 '보수'가 합쳐진 단어예요. 시스템을 항상 최상의 상태로 유지하고, 고장 난 부분을 보수하는 활동을 말해요. 자동차의 경우를 예로 들어보면, 자동차를 좋은 상태로 유지하기 위해 오일을 갈아주고, 타이어 공기압도 체크해줍니다. 자동차 부품이 고장이라도 나면 부품을 교체해 차량을 보수해주지요.

소프트웨어도 자동차와 마찬가지로 유지보수 단계가 있어요. 프로그램 개발이 완료되어 사용자가 프로그램을 사용하기 시작하면 유지보수 단계가 시작됩니다. 소프트웨어의 좋은 상태를 '유지'하기 위해 소프트웨어가 설치된 하드디스크 용량이 충분한지, 소프트웨어가 제대로 구동하고 있는지를 확인해줍니다. 만약 소프트웨어에서 버그라도 발견되면 '보수'라는 작업을 통해 프로그램의 결함을 고쳐주어야 합니다.

그럼 왜 코멘트가 유지보수에 도움이 될까요? 일단 프로그램에 버그◆가 발생하면 원인을 찾아야 하는데요. 코멘트가 잘 작성되어 있으면 코드에 대한 이해가 빨라져 원인을 찾기 쉬워집니다. 소프트웨어

◆ 버그(bug)는 벌레라는 의미 이지만, 코딩 세계에서는 결함, 오류라는 의미를 가져요.

업계 특성상 개발자의 이직이 잦기 때문에 다른 사람이 내가 작성한 코드를 보고 유지보수해야 할 일이 생기기 마련입니다. 다른 사람이 내 코드를 보고 이해할 수 있도록 코멘트를 잘 작성해주었다면, 유지보수하는 사람의 입장에서는 코드를 이해하고 오류의 원인을 찾는 데 큰 도움이 됩니다.

16장

도와주세요!
헬프 함수

도움말
help

소프트웨어를 개발하는 회사에서는 사용자들이 프로그램을 쉽게 학습하고 편리하게 사용할 수 있도록 도움말을 제공합니다. '도움말'은 프로그램 사용에 도움을 주는 말로, 영어로는 help라고 합니다.

대부분 프로그램에서 도움말을 제공하는데요. 웹 브라우저에서 '도움말' 메뉴를 클릭하면 Internet Explorer 도움말 메뉴가 나타납니다. 보통 도움말의 단축키가 F1인데요. 이 키를 누르면 도움말 창이 팝업됩니다.

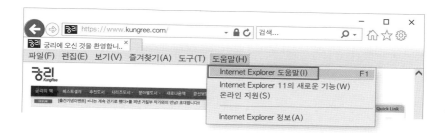

Internet Explorer 도움말 메뉴를 클릭하면 아래와 같이 온라인 도움말 페이지로 연결됩니다.

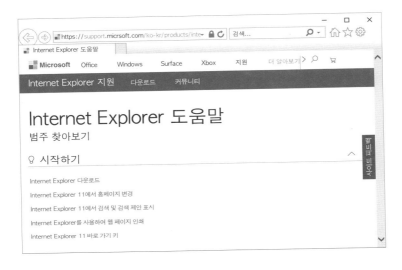

파워포인트에서도 F1 키를 누르면 도움말이 제공됩니다.

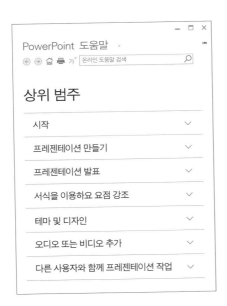

파이썬 도움말
help( )

파이썬에도 도움말이 있습니다. 표준 라이브러리에서 제공하는 모듈을 도움말을 통해 설명하고 있는데요. 파이썬 홈페이지(https:// docs.python.org)를 통해 도움말을 확인할 수 있고, 파이썬 셸 프로그램에서 help( ) 함수를 통해 도움말을 사용할 수 있어요.

help( ) 함수가 실행되면 "파이썬 도움말 유틸리티◆에 온 걸 환영해!"라는 내용의 메시지가 나타납니다. 글자만 가득한 도움말이 그리 익숙하지는 않지만, 개발자들은 이런 텍스트 환경에 많이 노출되어 당연하다고 생각합니다.

◆ '유틸리티(utility)'는 작은 규모의 소프트웨어를 말합니다. 윈도우 운영체제에서 무료로 지원하는 작은 프로그램을 유틸리티라고 부르는데요. 이런 윈도우에서의 영향으로 기능이 많지 않은 작은 프로그램을 '유틸리티'라고 해요.

파이썬의 도움말을 실행해보면, help>라고 표시되면서 도움말 유틸리티가 명령을 받을 준비가 되었다고 알립니다. 갑자기 파이썬의 예약어가 궁금해 '파이썬 아! 너만 사용할 수 있는 키워드가 무엇이니?'라고 물어보려고 합니다. help>에서 keywords라고 입력하면 되는데요. 그러면 330쪽 아

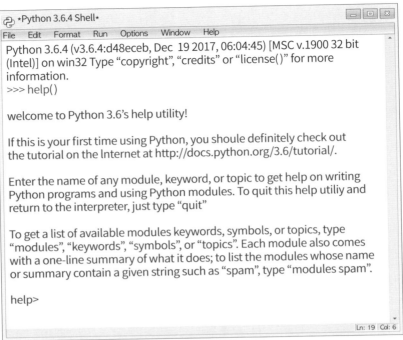

help() 함수 실행 화면

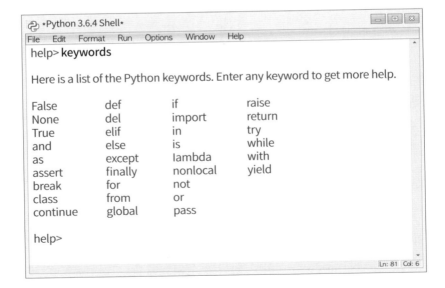

래의 그림 같이 키워드들을 화면에 출력해줍니다.

math 모듈에서 제공하는 함수를 알고 싶다고요? help>math라고
입력하면 math 모듈에 대한 설명과 함수를 알려줍니다.

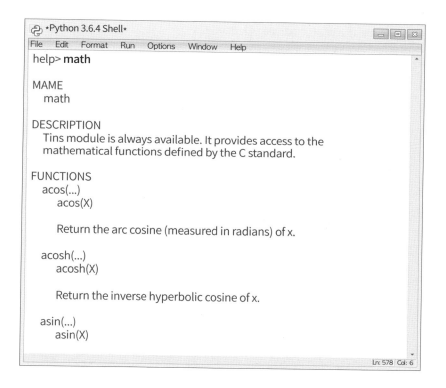

'모듈명.함수명'으로 입력하면 함수 설명이 제공되는데요. 예를 들
어 math.sin이라고 입력하면 sin 함수에 대한 설명이 다음처럼 제공
됩니다.

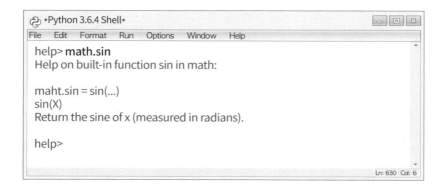

```
Python 3.6.4 Shell
File   Edit   Format   Run   Options   Window   Help
help> math.sin
Help on built-in function sin in math:

maht.sin = sin(...)
sin(X)
Return the sine of x (measured in radians).

help>
                                                          Ln: 630  Col: 6
```

 여기서 잠깐!

코딩을 하다 보면 여러 가지 오류 상황을 접하게 됩니다. 파이썬의 도움말과 코딩책만으로는 해결이 어려울 때가 있어요. 이럴 때 개발자들은 인터넷을 통해 도움을 얻습니다. 네이버 지식인이나 다음 카페에 이미 올라온 질의 답변을 참고해 문제 해결 방법을 찾기도 하고요. 개발자 커뮤니티에 소스 코드와 에러 메시지를 올리고 질문하면, 다른 개발자들이 답변해주기도 한답니다.

찾아보기

가나다순

⚙

알파벳순

코딩책과 함께 보는
코딩 개념 사전

1판 1쇄 펴냄 2018년 4월 10일
1판 5쇄 펴냄 2023년 12월 28일

지은이 김현정

주간 김현숙 | **편집** 김주희, 이나연
디자인 이현정, 전미혜
영업 백국현(제작), 문윤기 | **관리** 오유나

펴낸곳 궁리출판 | **펴낸이** 이갑수

등록 1999년 3월 29일 제300-2004-162호
주소 10881 경기도 파주시 회동길 325-12
전화 031-955-9818 | **팩스** 031-955-9848
홈페이지 www.kungree.com
전자우편 kungree@kungree.com
페이스북 /kungreepress | **트위터** @kungreepress
인스타그램 /kungree_press

ⓒ 김현정, 2018.

ISBN 978-89-5820-515-9 03560